① ハワイ島のキラウエア火山から噴き出した真っ赤なマグマ。米国地質調査所フォトライブラリーより、1983年2月25日、J.D. Griggs 氏撮影

② 阪神・淡路大震災を引き起こした野島断層の断面。淡路島にある『野島断層保存館』で見学できる。鎌田浩毅撮影

③　南側から見た富士山の全景。左の中腹に見える大きなくぼみは1707年にできた宝永火口。東名高速道路上にて鎌田浩毅撮影

④　プレート運動が作り出す地層の褶曲。沖縄県北部・東海岸の嘉陽層。酒井彰氏撮影

⑤　西オーストラリアの沿岸に現在も棲息するストロマトライト。PPS通信社提供

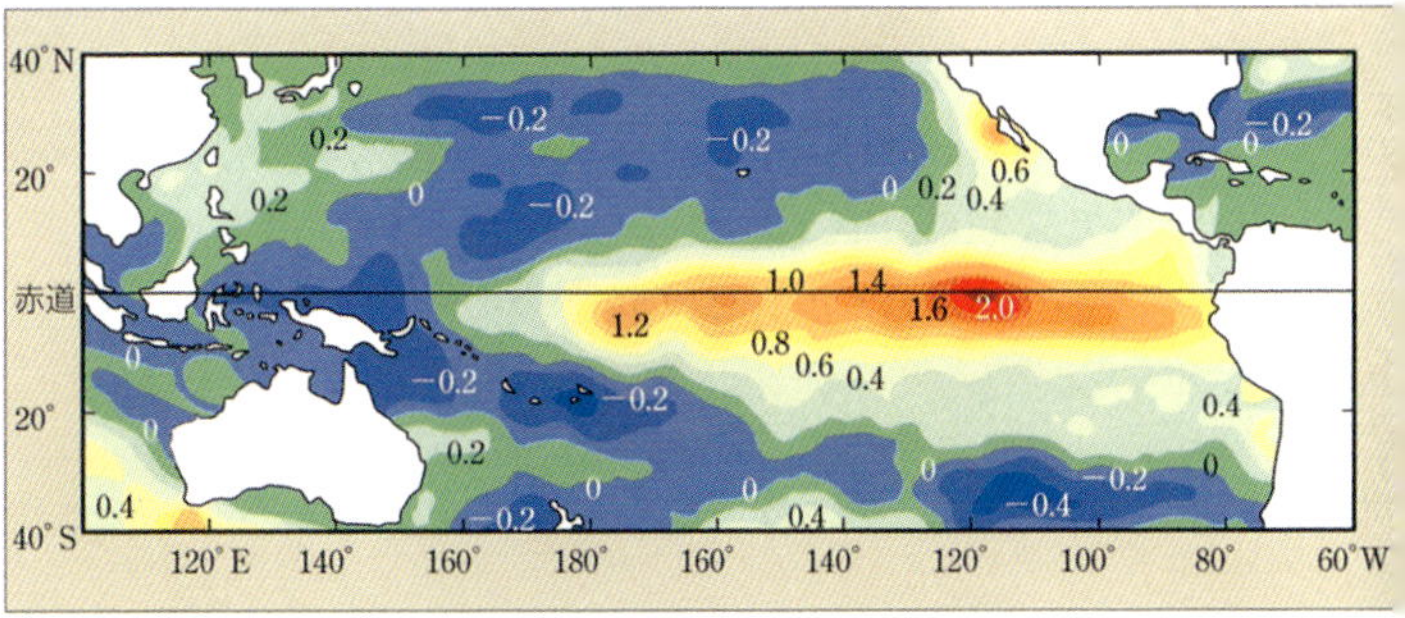

⑥　エルニーニョ現象が発生した年の海の表面における水温。平年の値より高い部分を赤色に、低い部分を青色に示した。単位は℃。数研出版発行『改訂版高等学校地学Ⅰ　地球と宇宙』による

⑦ 写真上／散光星雲の一つであるオリオン大星雲。国立天文台提供

⑧ 写真右下／代表的な暗黒星雲である馬頭星雲。オリオン座ジータ星近くにある。国立天文台提供

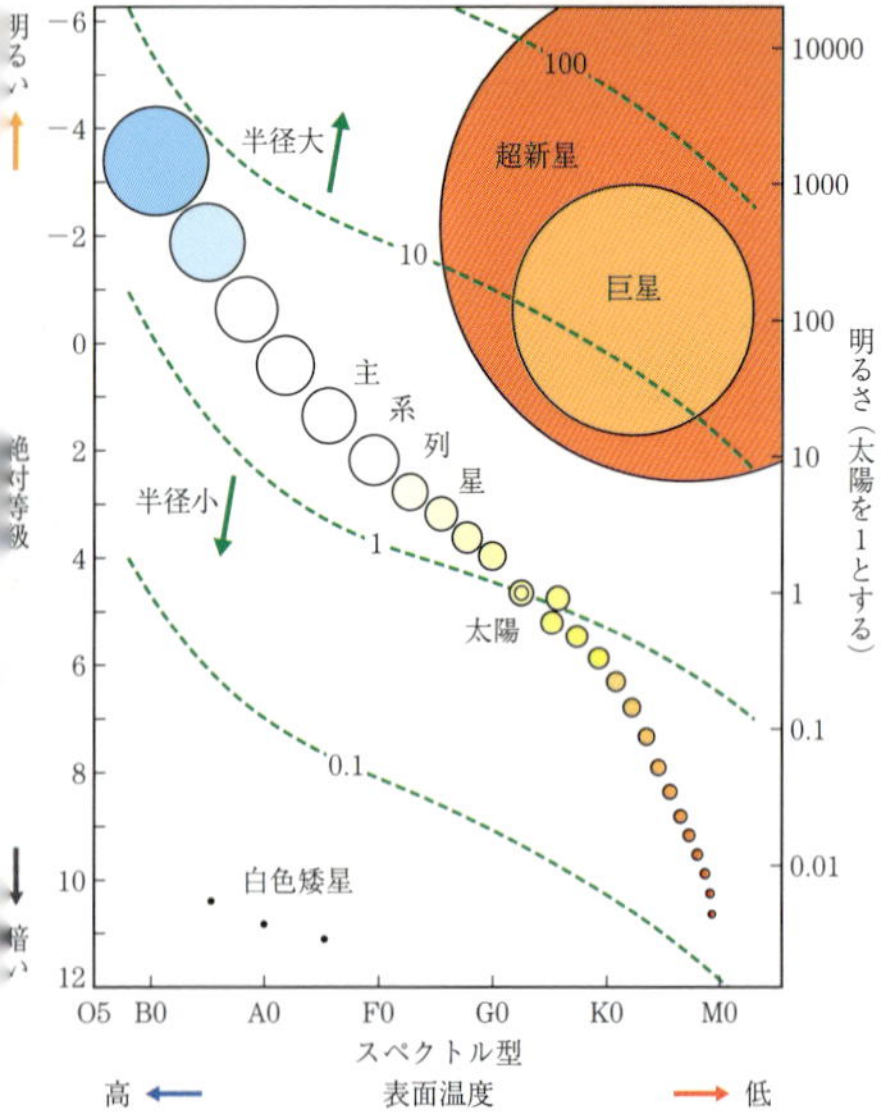

⑨ 恒星を分類するHR図。縦軸は明るさと半径を表し、横軸は表面温度を表す。なお、破線の数字は太陽の半径を1としたときのそれぞれの半径を表し、下から上へ向けて大きくなることを示す。啓林館発行『高等学校地学I改訂版』による

地学のツボ

地球と宇宙の不思議をさぐる

鎌田浩毅 Kamata Hiroki

★――ちくまプリマー新書

101

はじめに

私が地球科学の研究者として声を大にして言いたいことは、地学は役に立つ！ということである。なぜなら、「温暖化」という言葉のとおり世界中でホットな話題である地球環境問題の基礎や、地震と火山の災害から身を守る知恵を与えてくれるからだ。

本書は地学の中でも特に興味深いテーマに絞《しぼ》って、日本列島に暮らすすべての人の常識として大事なコンテンツを、わかりやすく解説した。タイトルの「地学のツボ」は、看板に偽《いつわ》りなしである。読者は、地球の過去から現在まで見通しながら、地球科学の本質を知ることができよう。

地学は自然科学の一分野である。科学とは予測と制御《せいぎょ》の学問であるとよく言われる。単に現状を説明するだけではなく、そこから導《みちび》かれる一般化を通じて将来を予見する力を持っているのだ。本書では、地学を通じて、こうした科学的なものの考えかたについても紹介したい。

大学受験の科目としての地学は、しばしば暗記科目であると思われてきたが、決してそうではない。色々な現象の背後にある理屈がわかると、個々の知識をなるほどと納得できる。

断片的に記憶していくだけではなくて、きちんと論理を追いながら学べば、ひとりでに言葉は頭に入ってくるのだ。地学の文脈を追っていけば、知識が増えるだけでなく、ダイナミックな地球の姿にも魅《み》せられるだろう。これが地学の本当の魅力なのである。

私は火山学を専門とする研究者だが、京都大学では教養科目として「地球科学入門」という講義を行っていて、その内容が本書のベースとなっている。毎年数百人の受講者を集める講義であるとともに、受講者の大半は文科系の学生である。

本書においても、地学に接点のなかった人が興味をもって理解してくれることを第一に意識している。また、これまでに刊行した火山と地球に関する新書と同様に、専門用語を不用意に使うことを注意深く避け、読者が最後まで読み通せることに力点を置いた。地学に関するまったくの初心者にも親しみやすくなるよう、具体的な興味深いエピソードを交《まじ》えながら、平易な言葉で語ってみたのである。

さらに本書には、話のイメージをより鮮明に理解してもらえるようカラーの口絵を含めて図版と写真を豊富に挿入《そうにゅう》してある。というのは、地球のダイナミックな姿を知るには、まさに「百聞は一見に如《し》かず」だからである。

本書を通じて、まず、地学が驚きに満ちた興味深い学問であることを知っていただきたい。その結果、地球の置かれた環境に関する知識を身につけ、読者が日本列島に住む意味に思いをめぐらせてくれることを願っている。さらに、若い人が自然現象に関心を持ち、科学離れの風潮を少しでも食い止められれば、とも希望している。

地学とは「地を学ぶ」、すなわち、地球と宇宙、大気、海洋について学ぶ学問である。地球と宇宙を知ることのおもしろさに開眼していただければ、著者としてこの上ない喜びである。

本文イラスト・図版制作　飯箸薫

目次 ＊ Contents

はじめに……3

第1章　地球は生きている――地震と火山……13
1―A　地震はどうやって起きる?……13
日本に断層のない場所はない?／プレート=地球の「堪忍袋の緒」
1―B　東海・東南海・南海――巨大地震の三連動……18
陸の地震、海の地震／巨大地震の予測
1―C　火山噴火は予知できる!……24
火山=除夜の鐘?／噴火のメカニズム／富士山が近い将来噴火する?!

第2章　地面は動く!　地学におけるコペルニクス的転換……35
2―A　プレートの誕生と消滅……35
地球表面はプレートがひしめき合っている／ヒマラヤで海の化石を発見?!
／プレート・テクトニクスという発想の転換

2―B　地球内部を考える新しいモデル……43
プレート・テクトニクスへの疑問／地球内部はどうなっている？／プレートのさらなる旅立ち／冷たいプルーム、熱いプルームの循環運動／新しい立役者プルーム・テクトニクス
2―C　火山列島の折れ曲がりとプレート運動……53
ホットスポットから火山誕生／プルームがプレートに及ぼす影響

第3章　地球の歴史……58
3―A　固体としての地球（太古代：四〇億―二五億年前）……58
地上に刻まれる歴史／「地球の歴史」カレンダー／地球の基盤ができあがった太古代／火山島から大陸へ／光合成を行う生物の出現／生命を守る地球の磁場
3―B　地球環境の基盤ができあがった：原生代（二五億―五・四億年前）……78
生物の爆発的な進化とは？／雪玉地球から温暖地球へ／化石の時代の到来

第4章　地球変動による生物の大絶滅と進化……………85
4―A　カンブリア紀の大爆発……87
「棚上げ法」でツボを押さえる／顕生代をさらに分けると
生物が海から陸へ／植物の上陸、動物の上陸
4―B　古生代末の生物大絶滅……92
パンゲア超大陸が分裂した／生物が死滅した「超酸素欠乏事件」
4―C　中生代末の恐竜の絶滅……98
絶滅の理由は隕石の衝突？／地球の磁場が逆転すると？／大量絶滅は生物の進化をうながす
第5章　大気と海洋の大循環…………105
5―A　大気と気象の形成……105
大気を構成するものは何か？／大気は層構造になっている／太陽エネルギ

ーの恩恵／地球の熱収支／大気の温室効果
5―B　海洋の大循環と海流……115
深層水循環の真相！／海流と風の深い関係
5―C　異常気象とエルニーニョ現象……120
どうなると「異常」なのか？／風と漁業とエルニーニョ現象／エルニーニョ現象の影響力は世界規模

第6章　地球の外はどうなっているか――太陽系と地球……126

6―A　太陽系の惑星……126
太陽をめぐる惑星と微惑星と彗星／惑星の定義が変わった／冥王星はなぜ外されたのか？／惑星の比較は未来の可能性を示す
6―B　太陽系の形成……134
惑星が生まれるとき／月は地球から飛び出た星?!

6―C　地球の誕生……141
マグマ・オーシャンの時代を経て／生命の源、水をもたらした彗星

第7章　進化し続ける宇宙への探求……148

7―A　星の誕生と進化……148
ガスとチリから星は生まれる／恒星の進化を知るには／HR図で恒星を分類／太陽の一生が見える／超新星爆発とブラックホール
7―B　銀河の動きと膨張する宇宙……161
ハッブルの功績／宇宙観の大転換
7―C　宇宙の始まりとビッグバン・モデル……164
はじまりは点だった？／ビッグバンの証拠とは

あとがき……169
さくいん……175

第1章　地球は生きている——地震と火山

1－A　地震はどうやって起きる？

日本に断層のない場所はない？

「あ、地震だ」と思うような揺《ゆ》れを、日常的に感じていないだろうか。小さな揺れであれ、地震のニュースや速報が出されるのはそれほど珍しくない日本は、世界でも有数の地震国である。

地震と言えばナマズ。私の元ボスである京都大学総長の尾池和夫先生は地震学者で、彼のニックネームはナマズだ。地震は地下の岩石がバリバリ割れるときに起きるのだが、ものすごいエネルギーを出す。その結果、地面が激しく揺れたり、ずれたりする。といっても、地下にいるナマズが動いているわけではない。本章ではそのメカニズムを探ってみよう。

地震の原因は、日本列島全体が太平洋側からぐいぐいと押されていることにある。日本の周辺では四枚のプレートと呼ばれる岩板《がんばん》が押し合いへし合いやっている。その結果莫大《ばくだい》なエネルギーがいつも日本列島にかかっている。日々踏《ふ》ん張《ば》っていても、時には「もう我慢できません」と、ずるりと動いて力を逃《にが》す。

そう、一九九五年に起きた兵庫県南部地震（いわゆる阪神・淡路《あわじ》大震災）も、こうした押し合いへし合いの結果で起きたのだ。そして地下のずれが地表に達した場所に、断層《だんそう》が現れる。淡路島にある野島《のじま》断層がその代表である（**カラー口絵②**）。

横から地面がギュウギュウ押された結果、五〇センチメートルもずれてしまった。こういうタイプの断層を、逆断層という。

断層には正断層と逆断層があるのだが、正断層は左右に引っ張られてずれたもの、逆断層は押しつけられてずれたものである（図1―1）。だから逆断層では、もとの地面の上に地面がせり上がってくる。

カラー口絵②と図1―1を比べたら、野島断層が典型的な逆断層であることがよくわ

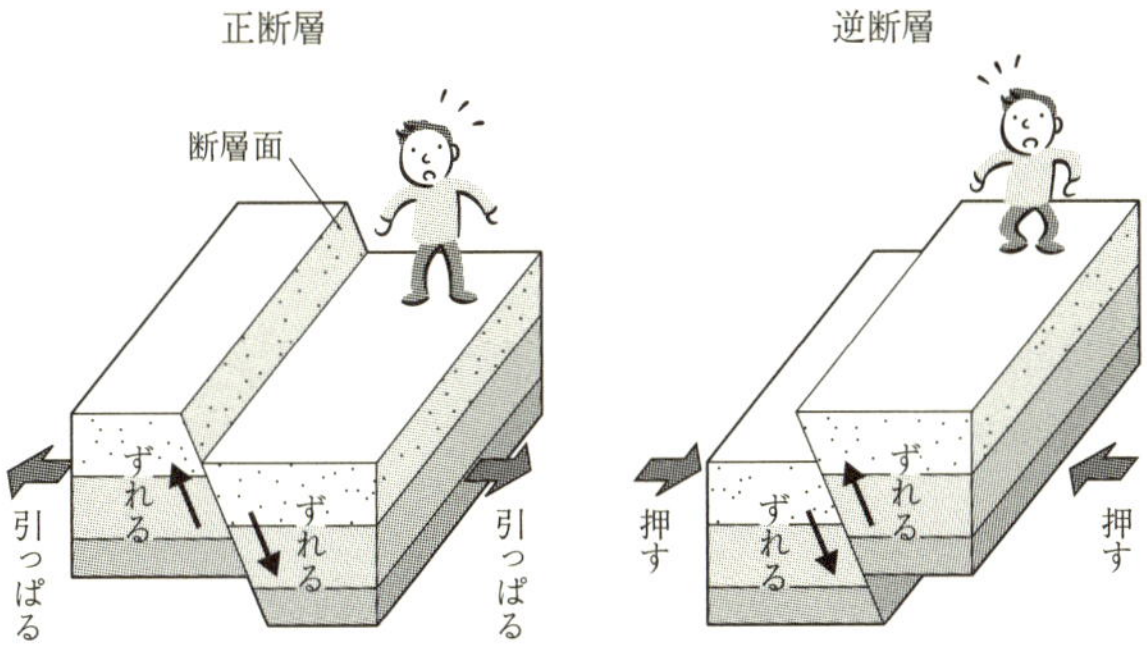

図1-1　地震でできる断層のずれ。力の働き方によって正断層と逆断層に分けられる

かるだろう。天然記念物として国からも指定されている。

しかも野島断層は、二〇〇〇年ほどの周期で何回も繰《く》り返《かえ》して動くものだから、活《い》きている断層という意味で「活断層《かつだんそう》」という名前が付いている。

日本列島にかかるエネルギーを限界まで我慢してくれたのだから感謝しなければいけないところだが、我慢の限界を過ぎて動いてしまえば上に住まわせてもらっている人間は、そのたびに大騒ぎをする。これが日本中いたるところで縦横無尽《じゅうおうむじん》に走る活断層の姿なのである（図1―3）。

プレート＝地球の「堪忍袋《かんにんぶくろ》の緒《お》」

さて、日本列島にはもう一つ巨大な地震を起こす

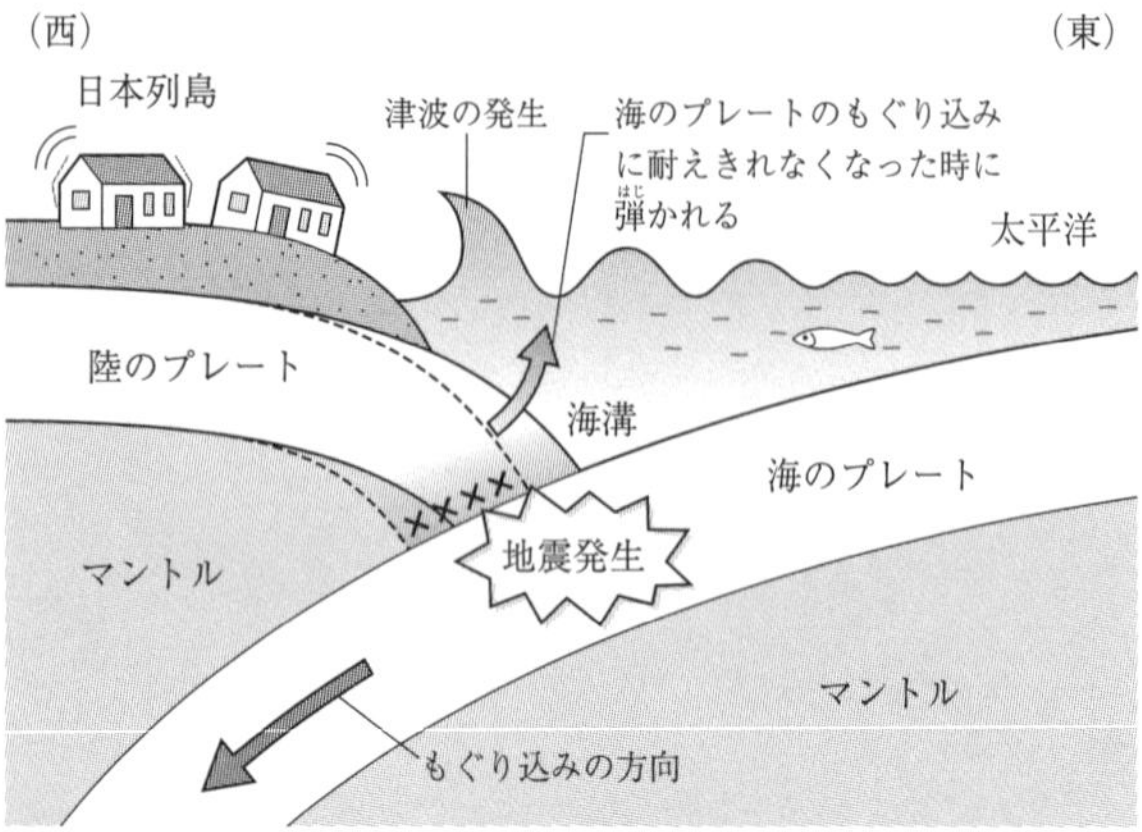

図1-2 プレートの沈み込みが引き起こす海溝型地震と津波の発生するしくみ。×印の部分で巨大地震が発生する

お騒がせさんがいる。沈《しず》み込んでいるプレート自身だ。日本列島がのっている陸のプレートの下には、海のプレートがもぐり込んでいる(図1—2)。そのもぐり込む力に陸のプレートは下にたわみながら持ちこたえているのだが、耐えきれなくなった時に弾《はじ》かれてしまう。

この時に巨大地震が発生する。どのくらい大きいかというと、マグニチュード8と地震学者は言う。

さて、ここでマグニチュードの解説をしておこう。地震で解放されたエネルギーの大きさを表すのが、マグニチュードだ。略してMと書き、M7とかM8とか数字を付けて言う。
早い話が「堪忍袋《かんにんぶくろ》の緒《お》が切れた」という時の袋の大きさだ。地球の堪忍袋の緒が切れたとき、大きな地震が起こるというイメージだ。この袋、実はM7とM8とでは大違いなのだ。ここで問題。

Q：マグニチュードが1大きくなると、エネルギーは何倍くらい大きくなるでしょう？

A：①2倍　②5倍　③10倍　④30倍

答えは、④の30倍だ。数字が1くらい増えてもたいしたことはない、と思ってはいけない。エネルギーは一気に増えてしまう。ちょうど高校数学で習うlog（対数）の世界と似ている。

さて話を日本列島に戻そう。六五〇〇人近い犠牲者が出た阪神・淡路大震災は、M7・3の大きさだった。大変に運悪く、大都市の下でこれほど大規模な地震が発生したため、膨大《ぼうだい》な数の人が亡くなったのである。

一方で、プレートの沈み込みによる海溝型の地震は、さらに大きなM8クラスのエネルギーが出る。阪神大震災より三〇倍も大きな地震が発生するわけだ。

残念ながら、「震災」を引き起こすような大きな地震がいつ起きるのかを予知することは、現在の科学ではとても難しい。ところが、必ず起きると専門家はみな断言する。ただし、何月何日に起きるかが言えないのである。

ということは、いつ起きてもおかしくない、とも考えられる。まず、寝室には地震で倒れてきそうな本棚や家具は置かないようにしよう。もしどうしても置くのであれば、しっかりと金具で壁に止める必要がある。我が家の本棚はすべて倒れないように固定してある。地震は必ず起きる。しかし、備えあれば地震も怖《こわ》くないのである。

1―B　東海・東南海・南海――巨大地震の三連動

陸の地震、海の地震

日本列島の地下にギュウギュウ押し込められた陸のプレート（岩板）は、耐えきれなくなった時に突然はね返る。このとき広い範囲に災害をもたらす巨大地震が発生するのだ。ここで、日本列島で起きる地震の特徴について、復習しておきたい。日本列島を襲《おそ》う地震には、二つのタイプがある。

第一のタイプは、新潟県中越沖地震（二〇〇七年）や岩手・宮城内陸地震（二〇〇八年）のような近年頻発《ひんぱつ》している内陸で起きる地震だ。これを内陸直下型《ちょっかがた》地震という。一九九五年に阪神・淡路大震災を起こした兵庫県南部地震もその一つだ。これはM7クラスの地震であり、主に活断層が繰《く》り返し動くことで、大きな地震が発生する（図1―3）。

もう一つのタイプは、海底で起きる地震である。東京から四国までの太平洋側を襲う海の地震だ。これは陸で起きる地震に比べても数十倍のエネルギーを解放する巨大地震である。陸のプレートと海のプレートの境にある深くえぐれた海溝の下で起きるため海溝型地震とも呼ばれ、M8クラスの地震が発生する（図1―2）。

東海地方から首都圏までを襲うと考えられている東海地震や、中部関東から近畿《きんき》四国にかけての広大な地域に被害が予想される東南海地震・南海地震が、これらにあたる（図1―4）。

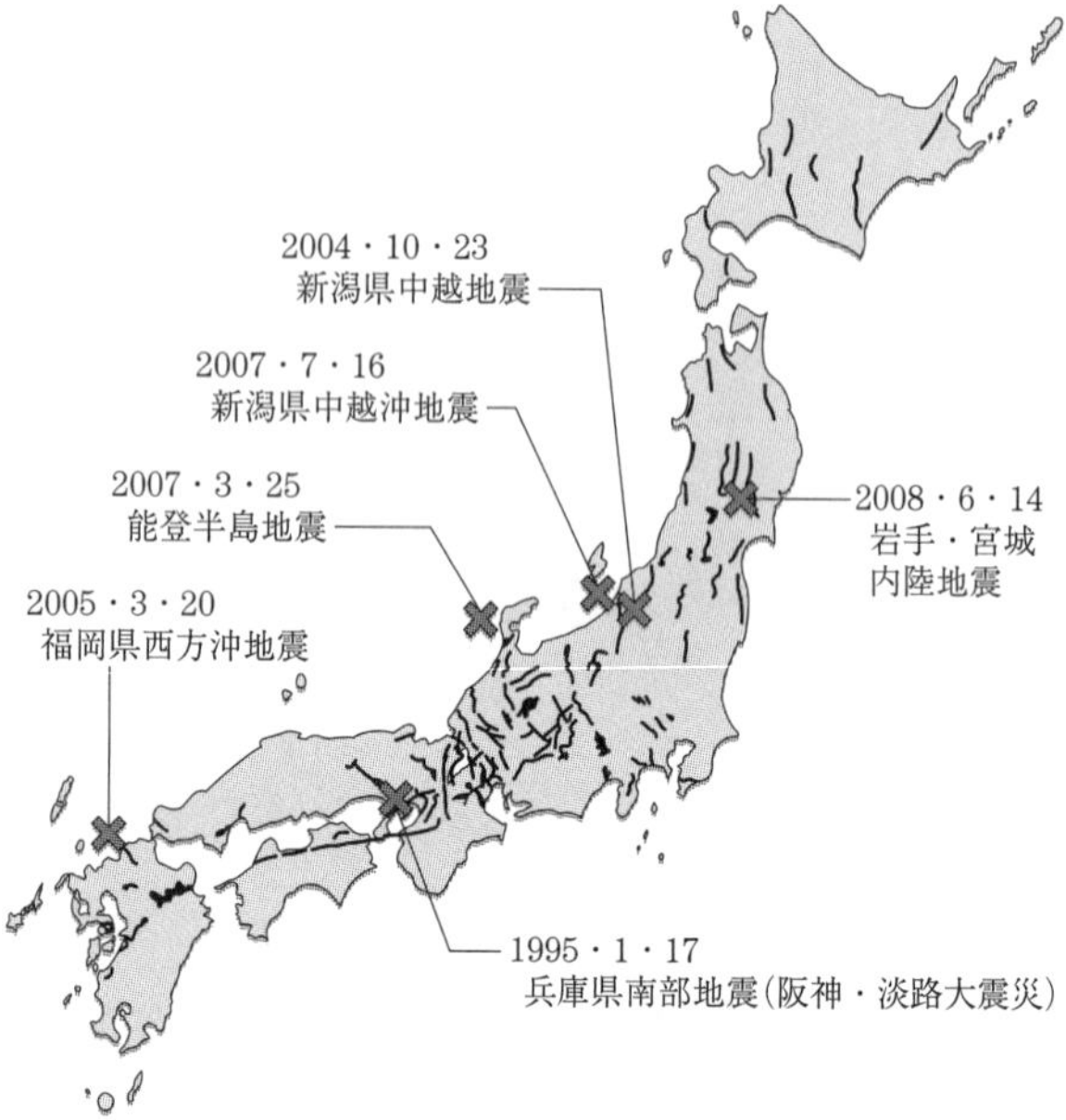

図1-3　日本列島の主な活断層と近年被害の大きかった地震。シワのように見える実線が活断層。これらが内陸の直下型地震を起こす

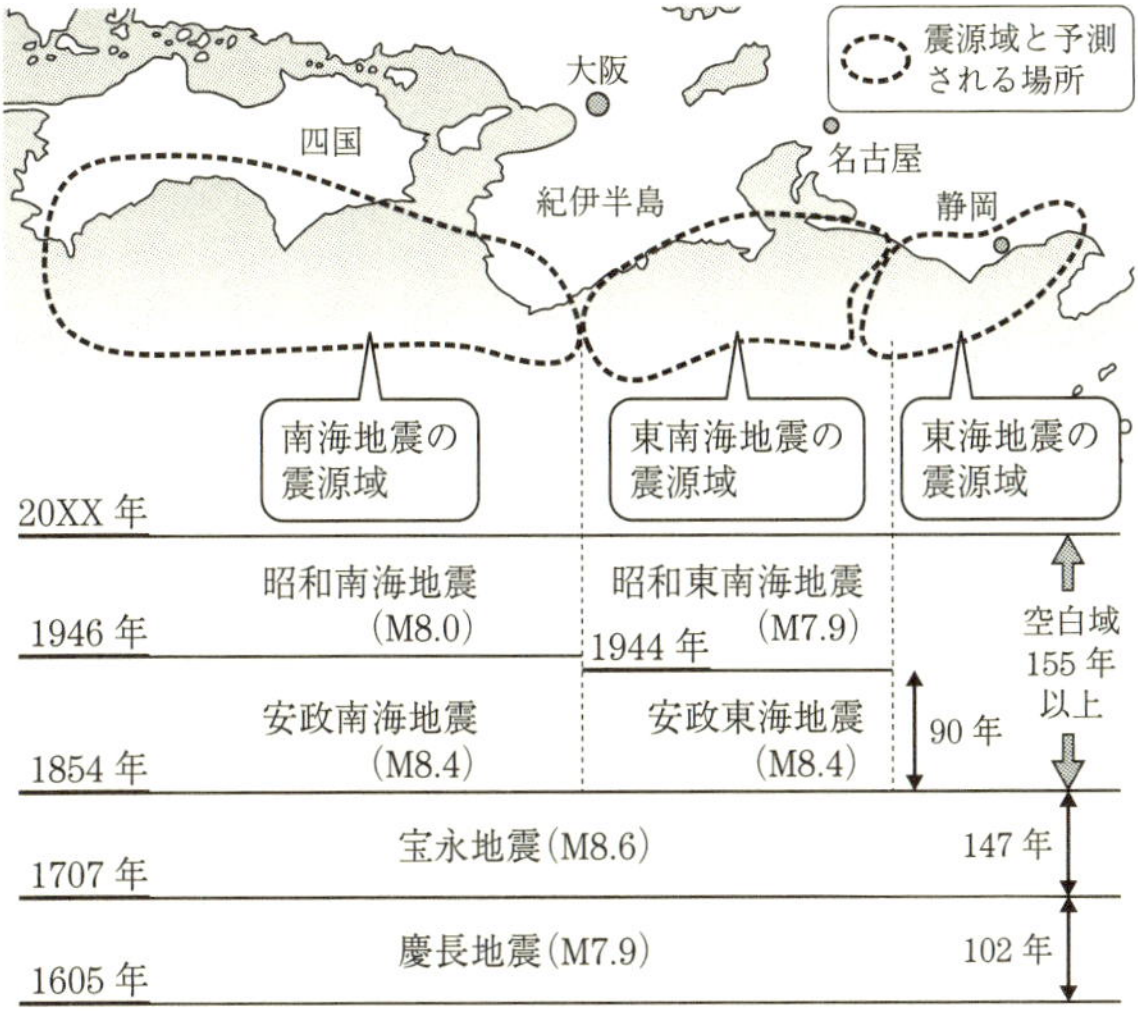

図1-4　南海トラフ沿いに広がる海溝型の巨大地震の震源域と、これまでに起きた地震発生の歴史。朝日新聞による

東北地方と北海道の太平洋側に至っては、ひずみがたまっているため、三〇年以内に大地震が起きる確率が九〇パーセントを超えてしまったものがいくつもある。文字通り日本列島を余すところなく海の巨大地震は襲ってくるのである。

しかも、海溝型地震は海底で発生するので、太平洋の沿岸地域に大きな津波をもたらすという厄介《やっかい》なオマケまで付いてくる。

一九四四年の東南海地震と一九四六年の南海地震では、それぞれ地震と津波のダブルパンチで一〇〇〇人を超す犠牲者を出した。

ここで大事なことを一つ。津波が来たら遠くへ逃げてはいけない。できるだけ高い所へ逃げよう。

巨大地震の予測

海溝型地震は内陸直下型地震と比べると、海底のプレートが過去に比較的規則正しく動いてきた経歴が残っている。すなわち、数十年から一〇〇年に一回くらいの周期性をもって発生するのである。西日本に沈み込むフィリピン海プレートが引きおこす南海地震でいえば、一〇〇～一五〇年おきにエネルギーを解放してきたのだ（図1―5）。

海の地震は周期を読み取りやすいので、次にいつ起こるかの予測を比較的立てやすい。過去の履歴《りれき》が詳《くわ》しく調べられている東海地震と東南海・南海地震に対しては、将来起こる時期とその確率が発表されている。

東海地方から近畿・四国地方にかけては、三十年以内に起こる確率が東南海地震（60%）、南海地震（50%）という数字が出されているが、いずれも防災上の最重要課題と

西暦	年号	巨大津波の有無
20XX年？	平成？	
1946年	昭和	なし
1854年	安政	なし
1707年	宝永＊	**巨大津波**
1605年	慶長	なし
1498年	明応	なし
1361年	正平	**巨大津波**
1099年	康和	なし
887年	仁和	なし
684年	天武	**巨大津波**

図1-5　南海トラフ沿いに繰り返し起きてきた南海地震と巨大津波。＊印の宝永地震では南海地震・東南海地震・東海地震の三つが同時に発生した。朝日新聞による

もなっている。これらの地震では名古屋・大阪といった大都市に激しい揺《ゆ》れをもたらすだけでなく、先ほど述べたように沿岸部を襲う津波にも警戒しなければならない。

二一世紀の半《なか》ばころまでにM8を超える巨大地震が必ず発生するとも言われている。さらに恐ろしいことに、東海地震・東南海地震・南海地震の三者が同時発生する事態も起こりうる、と地震学者は警告する。

ここで、過去に繰り返された南海地震を見てみよう（図1－5）。一七〇七年の宝永地震では、東海地震、東南海地震、南海地震の三つが連動して起き、さらに巨大な津波が発生した。南海地震が起きる三回目ごとに巨大津波が伴《ともな》っ

ていることから、このときに三連動も同時に起こると予測することができるのである。年表を見ると、宝永地震のあと、南海地震は一八五四年と一九四六年に二回起こっているのがわかる。よって、二一世紀の半ばにあたる次回は巨大津波を伴い、また、三つの巨大地震が連動する可能性があるということだ。

地震学者によれば、その三連動は二〇五〇年頃《ごろ》までに発生するということになる。日本人は、こうした地面の動きが活発で、地震と火山噴火にしょっちゅう見舞われるような世界的な変動帯に暮らしているのである。

1—C　火山噴火は予知できる！

活火山＝除夜の鐘？

日本は世界でも第一級の地震帯にあることに加えて、火山の密集地帯でもある。日本には世界全体の一割ほどの数の、一〇八個もの活火山がある（図1—8）。

この数は大晦日《おおみそか》につく除夜《じょや》の鐘と同じ。地球上の陸地面積の四〇〇分の一しかない日本に、世界中の八パーセントの活火山があるとは、なんとも活動的な土地ではないか。

地震予知は国家の緊急課題であり、地震学者のたゆまぬ研究は日夜続いているのだが、具体的な成果としては今ひとつままならない。地震と同じように火山噴火の予知も、国家レベルの課題である。

活火山の一つである東京都の三宅島《みやけじま》では、二〇〇〇年の噴火以降火山ガスの流出が止まらず、今も不便な生活が続いている。また、一九八六年に噴火した伊豆大島では、そろそろ地下のマグマが動き出そうとしている。

そのほかにも日本列島には、鹿児島《かごしま》県の桜島、宮崎・鹿児島県境の霧島山、長野・群馬県境の浅間山《あさまやま》などで活動が始まっており、噴火の徴候があるとただちにテレビや新聞で伝えられる。こういう時は私たち火山学者の出番なのである。地震予知と比べると噴火予知は、部分的には既に実用段階にある。

噴火のメカニズム

では次に、噴火予知をどのように行っているのか紹介しよう。火山活動が活発になると、気象庁から噴火に関する情報が発表される。この情報は、火山の地下の状態をさまざまな手法で観測することによって得られるものだ。これらの情報をもとに火山学者は、いま火山がどのような状態にあり、次に何が起きるかを予測する。

噴火予知の内容は、次の五つの項目からなる。噴火が「いつ（時期）」「どこから（場所）」「どのような形態で（様式）」「どのくらいの大きさ及び激しさで（規模）」「いつまで続くのか（推移《すいい》）」に関する情報である。これを噴火予知の五要素という。

以下では、予知のための具体的な火山の観測について見てみよう。噴火とは、マグマが地下から地表へ噴き出すことである（カラー口絵①）。噴火準備が整い圧力の高まったマグマは、火山の下にある通路（火道《かどう》）を上がってくる（図1―6）。

マグマが岩石をバリバリと割りながら昇《のぼ》るときには、火山性の地震が発生するのだ。噴火が近づくと、地震の起きる場所が浅くなってくる。

「動かざること山のごとし」という成句があるが、火山の場合は噴火が近づくと山が膨《ふく》れたり縮《ちぢ》んだりする。最初に地下にあるマグマが地上へ向かう時には、山体が膨張《ぼうちょう》する（図1―6のB）。

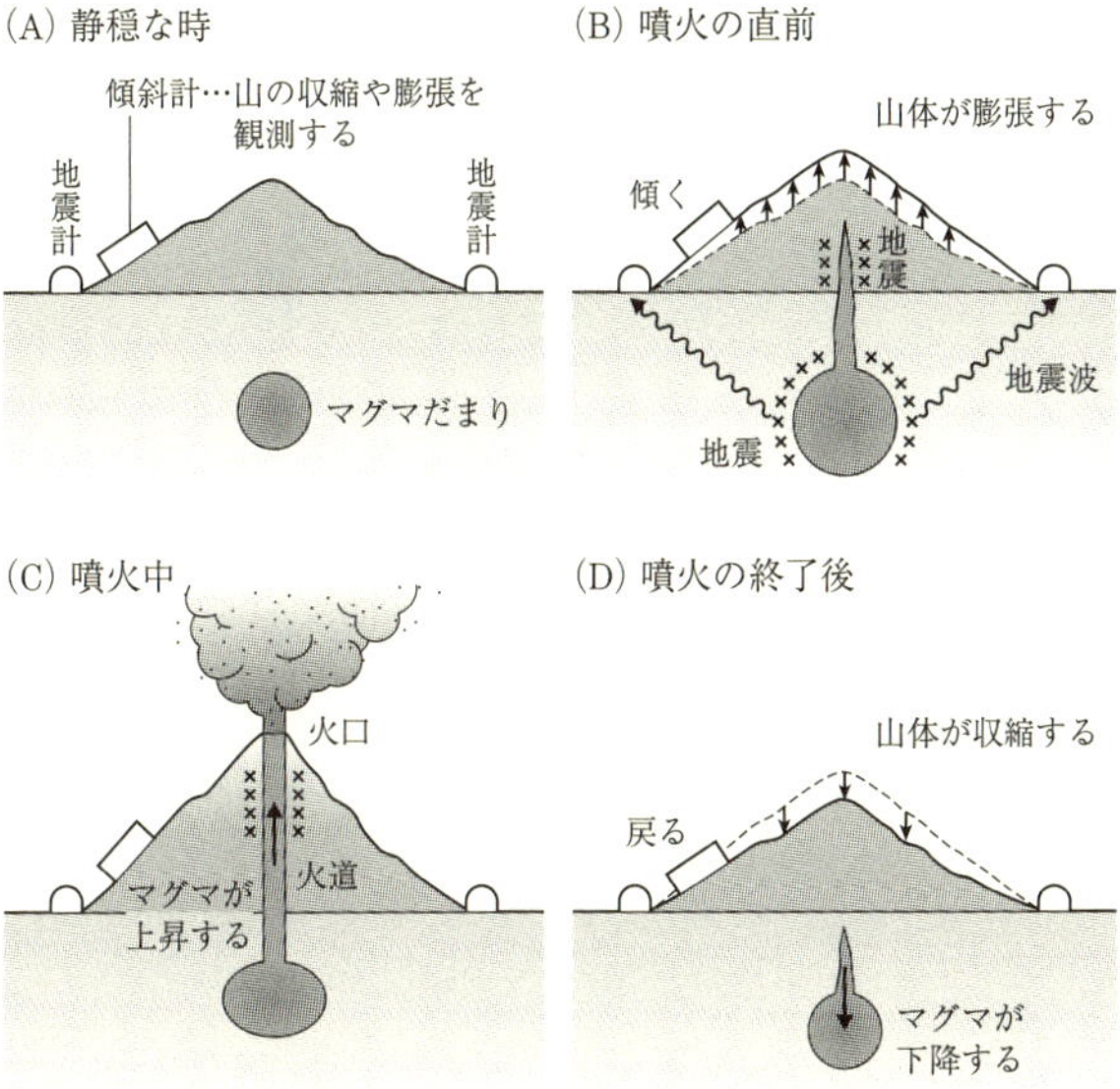

図1-6　火山の断面図とマグマの動き。噴火の前後に地下のようすが変化する。鎌田浩毅著『火山噴火』(岩波新書)による

その後に起きる噴火を経《へ》て(図1―6のC)、マグマが下へもどる時には、山が収縮《しゅうしゅく》する(図1―6のD)。このような動きは地殻《ちかく》変動と呼ばれるのだが、こうした動きをくわしく観測するのである。

火山の示す膨縮《ぼうしゅく》はきわめてわずかなので、非常に精密な測定によって初めて確認できる。一万メートルにつき一ミリメートル持ち上がる傾きを測定するのである。

たとえば、お餅《もち》を焼いて表

面が一ミリメートルだけプクッとふくれたのを、一万メートル先から望遠鏡でのぞき込んで見つけるようなものだ。極《きわ》めて精度の高い技術が必要とされるが、日本の噴火予知技術は世界でも最先端のレベルにある。火山列島であればこそ、誇《ほこ》れる技術だ。

たとえば鹿児島県にある桜島火山では、噴火の数分から数時間前に山が少しずつ膨張しはじめ、噴火が終わると収縮する。リアルタイムで火山観測所に送られてくるデータを見ながら、桜島では噴火の事前に警報を出している。

このような測定のもとにある考えかた（原理）は、かつて東大地震研究所の萩原尊禮《はぎわらたかひろ》教授が考案し、ハワイのキラウエア火山の噴火（カラー口絵①）で応用されたものだ。

キラウエア火山では、噴火の前に地震を起こしながら、山体がゆっくりと膨らむ（図1−7、グラフ上方の「傾きの角度」）。地下にマグマが入り込んだ分の体積が増えるからである。そして噴火が起きるとたんに縮む。マグマが地上に出た分だけ縮むのである。

こうした現象に加えて、噴火の前後には、地下で特徴的な地震が起きる。噴火の前には短周期地震と呼ばれるガタガタ揺《ゆ》れる地震の数が、急速に増えてゆく（図1−7のⓑアミカケ）。噴火が終わると短周期地震はパタッと止《や》む。この短周期地震は、マグマが

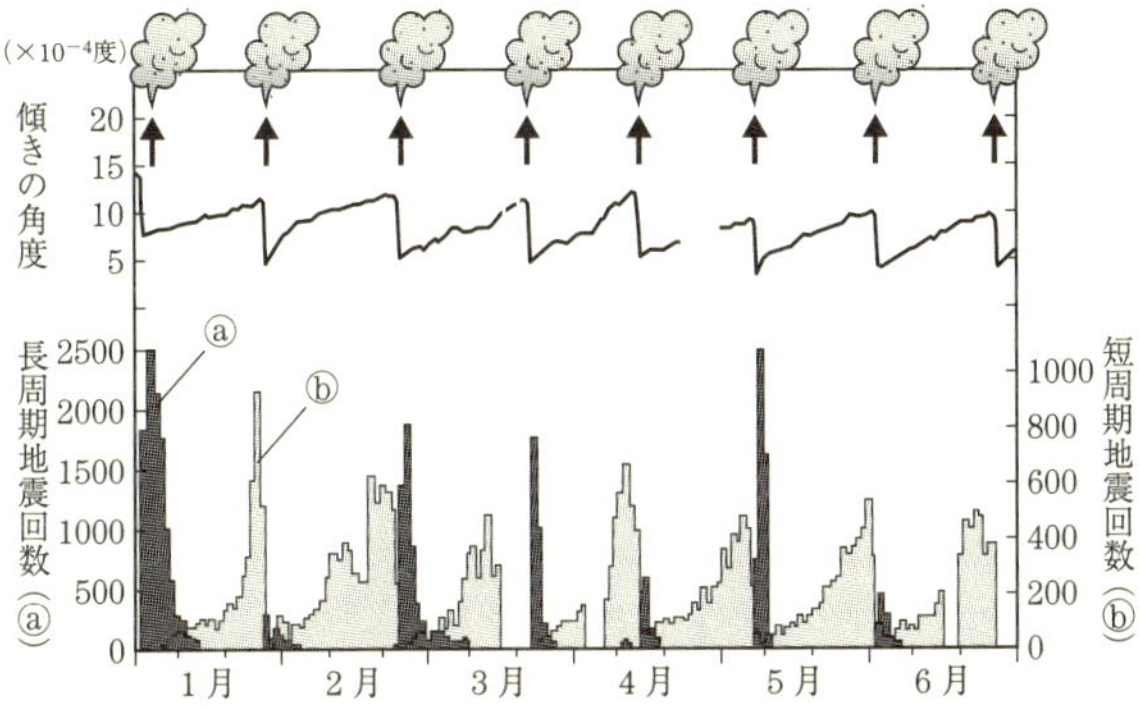

図1-7　ハワイ島のキラウエア火山の1986年噴火で得られた地殻変動（地面の傾き）と地震のデータ。ⓐ（ヌリツブシ）は長周期の地震回数を、またⓑ（アミカケ）は短周期の地震回数を示す。矢印は噴火を示す。デッカー氏らによる

火道を上がる時に、周囲の岩石をバリバリと割ることで生じるのだ。

さて、噴火の前後では短周期地震とは別に、長周期地震と呼ばれるユラユラと揺《ゆ》れる地震も起きる（図1―7のⓐヌリツブシ）。長周期地震は、マグマだまりにある液体のマグマや周囲の地下水が揺れるために発生する。この長周期地震の数が減少した頃に、次の短周期地震が始まるのである。

キラウエア火山では噴火のたびに、このような特徴的な地震が繰《く》り返される。逆に、これらを継続的に観測することで、地震のパターンから次の噴火を予測することができる。これが噴火予知なのである。

そのほかにも、噴火にともなって地面に大きな割れ目ができることがある。一九七七年に起きた有珠山《うすざん》の噴火の際には、こうした地殻変動によって、割れ目の真上に建っていたアパートが崩《くず》れてしまった。

また、二〇〇〇年の噴火では、地面が横に動くことによって鉄道の線路が曲がったり、地割れが数多くできて国道を寸断したりした。これらの激しい地殻変動の証拠は現在でも保存され、誰でも見学することができる。

火山の噴火予知は、このほかにも、火山から出てくるガスや火山灰と呼ばれる細かい粒子の成分を分析したり、物質の示すさまざまな性質の知識を応用して組み立てられている。高校の地学は言うに及ばず、物理・化学・数学などすべての学問が使われているのだ。こうして、よりリアルに地下のマグマの実態を描くことが可能になったのである。

富士山が近い将来噴火する?!

富士山は江戸時代に大噴火を起こした活火山である（カラー口絵③）。一七〇七年の元《げん》禄《ろく》文化華《はな》やかなりし頃、儒学者《じゅがくしゃ》で政治家でもあった新井白石《あらいはくせき》は、『折《お》りたく柴《しば》の記』の中で「火山灰のせいで昼間でも行灯《あんどん》がいるくらい暗くなった」と書き残している。古文書《こもんじょ》などを繙《ひもと》くと、富士山はだいたい一〇〇年ごとに噴火をしていたことがわかる。火山学から見ると小さな噴火ではあったが、「万葉集」や「古今《こきん》和歌集」に登場するくらい当時の人をお騒がせした事件もある。

一〇〇年もおかずに噴火していた富士山が、一七〇七年以来現在まで三〇〇年間もじっと黙《だま》っているとは、なんと不気味《ぶきみ》なことか。溜《た》まりに溜まったうっぷんは破裂したらさぞかし怖《こわ》いと想像できよう。

さて、ここで火山学の質問。

Q：活火山とは、過去何年前に噴火した山までを言うのか？

A：①一〇〇年　②一〇〇〇年　③一〇〇〇〇年　④一万年

答えは④の一万年。生命誕生が三八億年前、人類誕生が五〇〇万年前、一万年前とは人類が農耕を始めた頃である。

そんなに前から動いている活火山も火山学者に言わせれば、まだまだひよっ子なのだ。一つの火山の寿命はおよそ一〇〇万年。富士山噴火の歴史はまだ一〇万年。富士山はい

図1-8　日本列島に分布する108個の活火山。近年に噴火した火山もしくは有名な火山は火山名を列挙した。気象庁による

図1-9　活火山をめぐる野外調査の後に温泉でくつろぐ私。背後の山は1986年に割れ目噴火した伊豆大島火山

わば小学生の元気な火山なのである。

さて、話を戻して図1―8を見てみよう。多くの諸君の町の近くにも火山があることがわかるだろう。近所にはなくても、いったん噴火したら被害は日本の上空を駆《か》け抜《ぬ》けることがある。噴火で出た火山灰が、偏西風《へんせいふう》に乗って遠く東へ飛んでいくからである（第5章参照）。

ちなみに九州の阿蘇山《あそさん》がかつて大噴火した際に噴出した火山灰は、北海道で一〇センチメートルも積もったのだ。九万年ほど前の地層から明らかになった事件だが、そのときは日本全国どこも灰まみれになったのである。

しかし、火山は災害を起こすだけではない。大いなる恵みも我々に与えてくれる。実は、日本の国立公園の九割は火山にある。風光明媚《めいび》な、すなわちシャッターチャンスの景観を火山が作り出すのだ。

おいしい水もそうである。富士山麓《さんろく》のバナジウム水はじめ、ミネラルウォーターは雨水が火山の中をくぐりぬけ、火山のふもとに湧《わ》き出てくる。

そして、なんと言っても「恵みの部」堂々1位は温泉だろう。半永久の湯沸《わ》かし器が作り出す癒《いや》しのお湯。露天風呂のここちよさは最高だ（図1―9）。どれもこれも桁外《けたはず》れの長い時間をかけて、火山がもたらしたわけである。

火山の寿命は百万年。元気な活火山は一万年。ちなみに地球の歴史は四六億年。私たちはこんな悠久《ゆうきゅう》の時間のなかで自然と向き合い日夜暮らしている。人生は、火山の時間スケールではほんの瞬《まばた》きのようなものなのである。

第2章　地面は動く！　地学におけるコペルニクス的転換

2―A　プレートの誕生と消滅

地球表面はプレートがひしめき合っている

この章では、動く大地についての考え方を見ていこう。地球の表面はプレートと呼ばれる厚い板でおおわれている。プレート（plate）は英語で、もともと板や皿という意味だが、地球科学では厚さ一〇〇キロメートルにもなる巨大な岩でできた板のことを指す。日本語では岩盤ならぬ岩板《がんばん》と訳される。

さて、地球の表面の七割は海、残りの三割は陸なのだが、いずれもプレートでおおわれている。つまり、海の底は海洋プレート（海のプレート）という岩板でできていて、また陸地は大陸プレート（陸のプレート）という岩板だ（図2―1）。

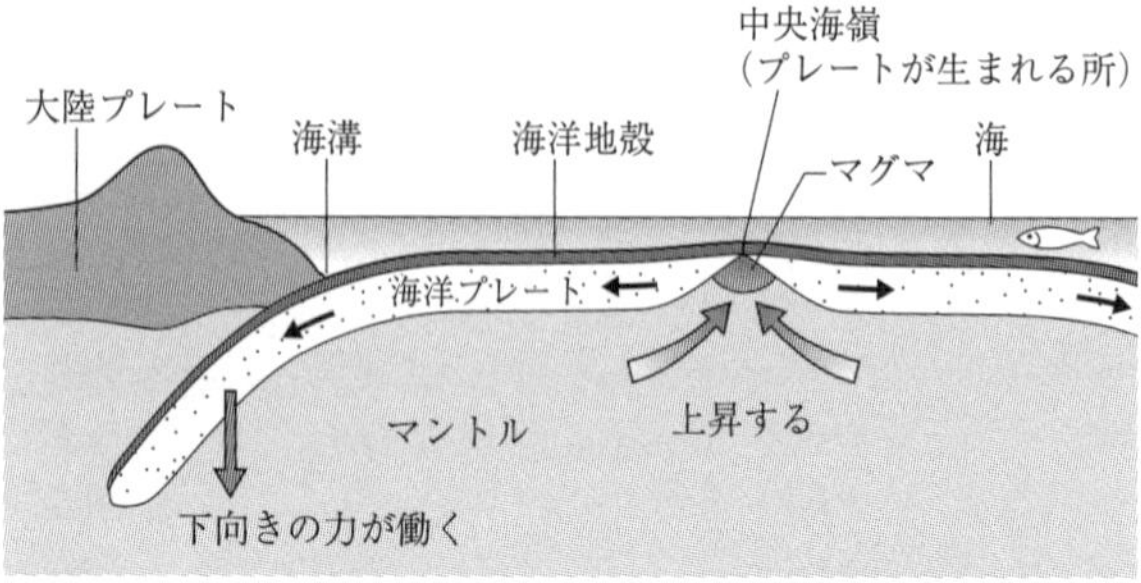

図2-1　プレートの誕生から沈み込みまでの様子。山岡耕春氏による

プレートは巨大な岩の板なのでかなり硬い。しかし、硬いからといってじっと固定されているのではなく、長い時間がたつと曲がったり動いたりする。実際には、年間数センチメートル～一〇センチメートルという速さで、地球の表面をゆっくりと動いているのだ。

地球の表面は全部で十枚ほどのプレートがおおっている。これらのプレートが球の面上を横に動くために、プレート同士が接する場所では衝突《しょうとつ》したり、またすれ違ったりする。片方のプレートがもう一方のプレートの下に沈《しず》み込むということも起きる（図2―1）。この運動によって、地球上では地震や火山の噴火が頻繁《ひんぱん》に起きている（第1章参照）。

プレートは、海の底で作られる。プレートを作る高温の材料が上がってきて海水によって冷やされて固まるのである。この噴き出し口になっているのが、何を隠《かく》そう海底火山の集まりでもある中央海嶺《かいれい》だ。ここでできたプレートは、左右に広がりながら大陸のプレートの下に沈み込んで消滅《しょうめつ》する。

プレートが地球の表面を移動するための原動力について、いくつか紹介しよう。まず、プレートが誕生するところでは、プレートを作る材料が海底からどんどん生み出されてくるので、プレートを横へ押し広げてゆく。

一方、沈み込むプレートには、下から引っ張る力が働いている（図2—1）。テーブルクロスの端《はし》を引っ張るようなものだ。この二つの力が合わさって、プレートは何億年という長い時間をかけてゆっくりと移動することができるのである。

ヒマラヤで海の化石を発見?!

沈み込む海のプレートが、時には陸のプレートを跳《は》ねさせて大地震を起こすわけだ（図1—2参照）。しかしプレートの運動は、破壊活動だけではなく、驚くべき造形物も作ってしまう。文字どおり世界最大のオブジェ群とも言えるのが、最高峰のエベレスト山（標高八八五〇メートル）を擁《よう》するヒマラヤ山脈である（図2―2）。

ヒマラヤ山脈の南にはインド大陸がある。かつてこのインド大陸は南のインド洋の上にあった。これがプレートの運動によって一年に一〇センチメートルの速さでゆっくりと北上し、北にあったユーラシア大陸にぶつかったのだ。四〇〇〇万年ほど前のことである。なお、ユーラシア大陸とは、アジアとヨーロッパが連結した最大の大陸である。

その後、インド大陸の北の端は、ユーラシア大陸の下にもぐってしまった（図2―3）。そのときインド大陸がぎゅうぎゅうとユーラシア大陸を押し続けたために、岩石が上に押し上げられる形となり、世界最高峰が連なるヒマラヤ山脈ができあがったのである。

ヒマラヤ山脈は標高八〇〇〇メートルを超える山からなるが、この山の上で、海に棲《す》む貝の化石が見つかることがある。登山者が海から運んだというわけではもちろんない。ヒマラヤ山脈を形作ったプレートは、もとは海の下にあったということである。これはインド大陸とユーラシア大陸のあいだにあった海底で堆積《たいせき》した物質が地層となり、ゆっくりと押し上げられてできたものである。

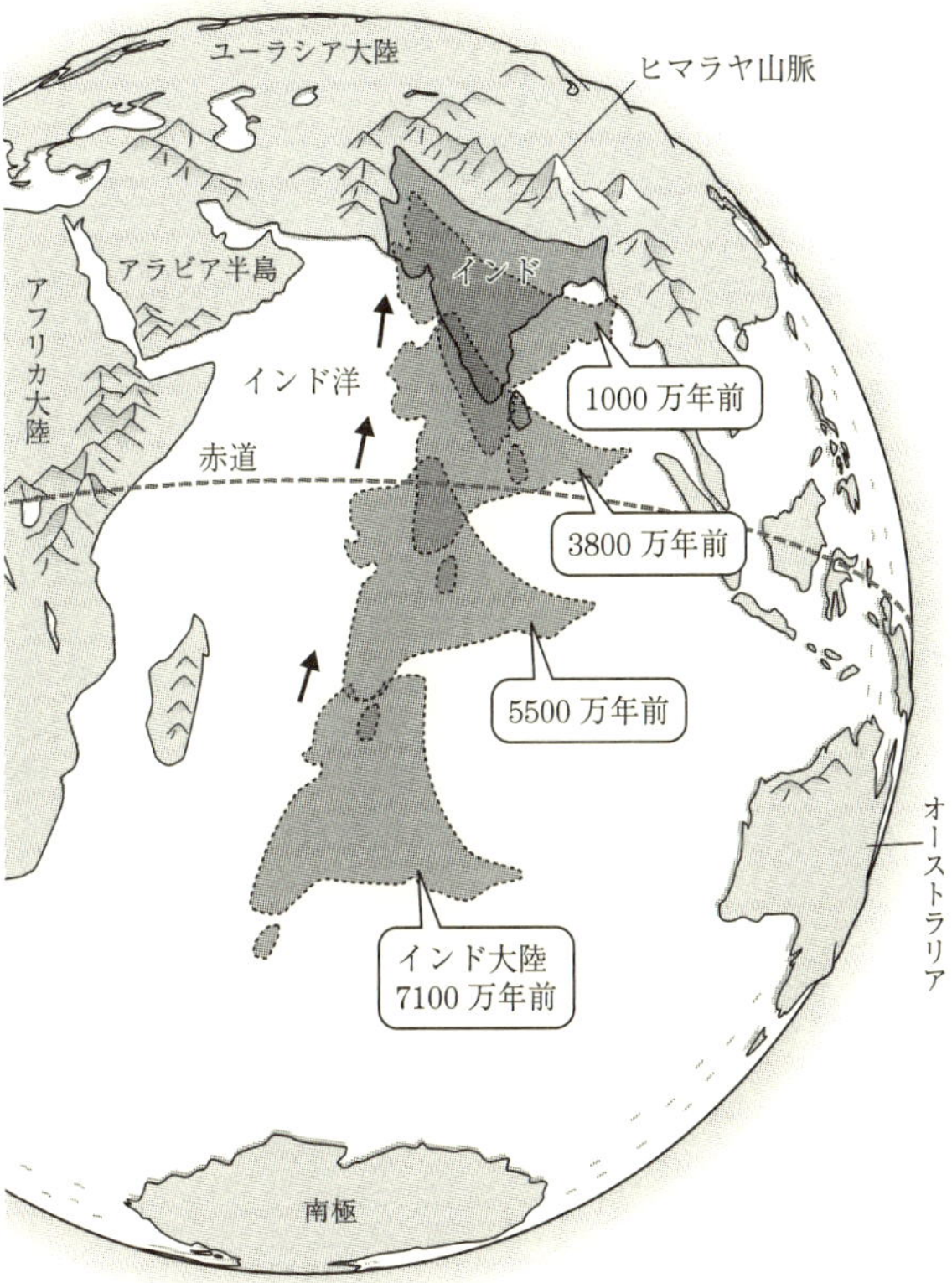

図2-2　インド洋を北上するインド大陸の動きとヒマラヤ山脈の形成

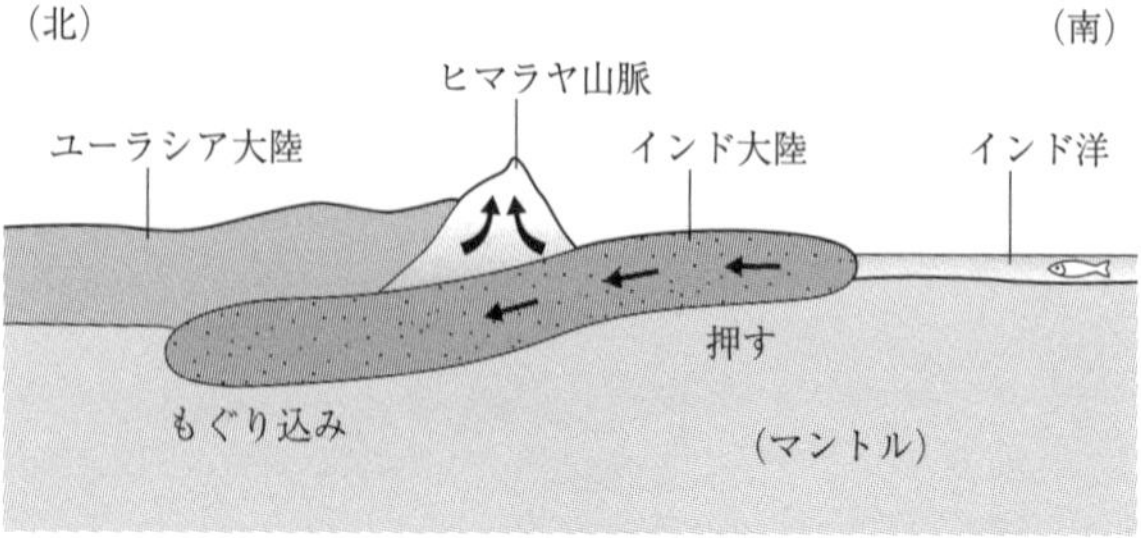

図2-3　インドとヒマラヤ付近の断面図。インド大陸がユーラシア大陸に下にもぐり込み、ヒマラヤ山脈を隆起させた

なお、もぐり込んだインド大陸は、現在でもユーラシア大陸を押し続けている。一年に五センチメートルの速さで北上しているために、ヒマラヤ山脈はわずかずつ高くなっているのだ。

また、インド大陸が押している力は遠く中国にまで及んでおり、内陸部でしばしば起きる地震の原因となっている。二〇〇八年五月十二日に発生して未曾有《みぞう》の被害をもたらした四川《しせん》大地震も、このプレート運動と無縁ではない。

同じような現象は、ヨーロッパでも起きている。イタリア・スイス・フランスにまたがるアルプス山脈は、アフリカ大陸がユーラシア大陸を押し続けたためにできたものである。このようなプレートによる運動は高い山地を作ることから造山《ぞうざん》運動と呼ばれている。

造山運動は周辺の地層を高く隆起《りゅうき》させて山脈を作るだけでなく、ときには地層をグニャグニャに曲げたりバリバリに切断したりする。地層がグニャグニャ曲がった様子は、褶曲《しゅうきょく》と呼ばれる（カラー口絵④）。また、地層をバリバリに切断した部分が断層と呼ばれる（図1―1及びカラー口絵②参照）。足下の地球が長い歴史の中で動くことによって形作られたものであるからか、どの姿も非常に美しい。

プレート・テクトニクスという発想の転換

ここまで見てきたように、プレート運動は、地表で見られる地層のさまざまな変形の原因も作り出している。逆に、地質学者は、このような地層の変形を観察しながら、プレートがどのように動いていったのかを推理してゆくのである。

このような地球上で起きる現象を統一的に考える仕方は、「プレート・テクトニクス」と呼ばれる。テクトニクスは地球変動学と和訳されるが、地球のさまざまな動きを研究する学問である。地球の表面は動くプレートによって構成されている、という見方を持ち込むことで、多様な現象をシンプルに解釈することが可能になったのである。

さて、ここで地学を理解するためのツボの話をしよう。科学の使命の一つに、複雑な現象をシンプルに説明するという事業がある。プレート・テクトニクスという考え方は、まさにエレガントに地球のダイナミックな動きを説明した「ツボ」なのである。

時は一九六〇年代の後半。世界中の地学の学会では、旧来の考えかたとプレート・テクトニクス理論が華々《はなばな》しく火花をちらした。コペルニクス的転換という言葉をご存じだろうか。当時プレート・テクトニクス理論を受け入れることは、コペルニクスの提唱した地動説が、それまで千年以上も支配していた天動説に置き換《か》わるくらいの発想の転換であった。

後に「地球科学の革命」と呼ばれることになる学問上の応戦には、世界最高クラスの頭脳をもつたくさんの研究者たちが駆《か》けつけた。その結果、おびただしい量のデータが得られ、地球上のさまざまな現象のメカニズムが解明されることになった。

その頃に出された論文には、当時の学者たちの興奮したようすが残されている。学問は新しいアイデアをきっかけに一気に進むことがあるのだ。日本人の研究者もおおいに活躍し、プレート・テクトニクスは地学の基本的な考えかたとなった。地球変動学の上田誠也《せいや》と杉村新《あらた》、岩石学の都城秋穂《みやしろあきほ》と久城育夫《くしろいくお》、地震学の金森博雄《ひろお》、火山学の久野久《ひさし》と中村一明《かずあき》などの地球科学者たちが、国際的な成果を次々と挙《あ》げたのである。

2-B 地球内部を考える新しいモデル

プレート・テクトニクスへの疑問

現在の地表はプレート運動によって絶えず変化しているが、これはいつから始まったのであろうか。近年の研究によって、四〇億年もの大昔にプレート運動が始まっていたことがわかってきた。

何十億年もプレート運動が継続しているということは、プレートが絶えず誕生し、また消滅しているということである。海底の下ではプレートを作る材料がひっきりなしに供給され、また沈み込む場所の地下ではプレートがどんどん溜《た》まってゆく。

このようなことが数十億年も続くためには、プレートの下で物質が循環《じゅんかん》していなければならない。たとえば、沈み込んだプレートの材料が何らかの形でまた地表近くに戻ってくるようでなければ、プレート運動は長期に存続できないのである。

こうした問いは、プレート・テクトニクスの考えかたが広まるにしたがって、研究者の頭を悩ましていった。二〇世紀も終わりに近づくにつれ、この疑問を解決する考えかたが誕生した。地球内部を伝わる地震の波をくわしく調べることで、内部の状況がだんだん見えてきたのである。

地球内部はどうなっている？

ここからは地球の中身を見てみよう。地球の内部はいくつもの層からなっている（図2―4）。中心は非常に高温であるが、われわれの住む表面は適度に冷えている。空気と触れている地表は地球の殻《から》にあたるので地殻《ちかく》と呼ばれる。地殻はわれわれにもおなじみの岩石でできている。

その下にはマントルと核がある。マントルと核はそれぞれがさらに分かれて、上部マントルと下部マントル、また外核と内核と呼ばれている。

さて、このマントルの中では物質が動いていることがわかってきた。たとえば、大陸

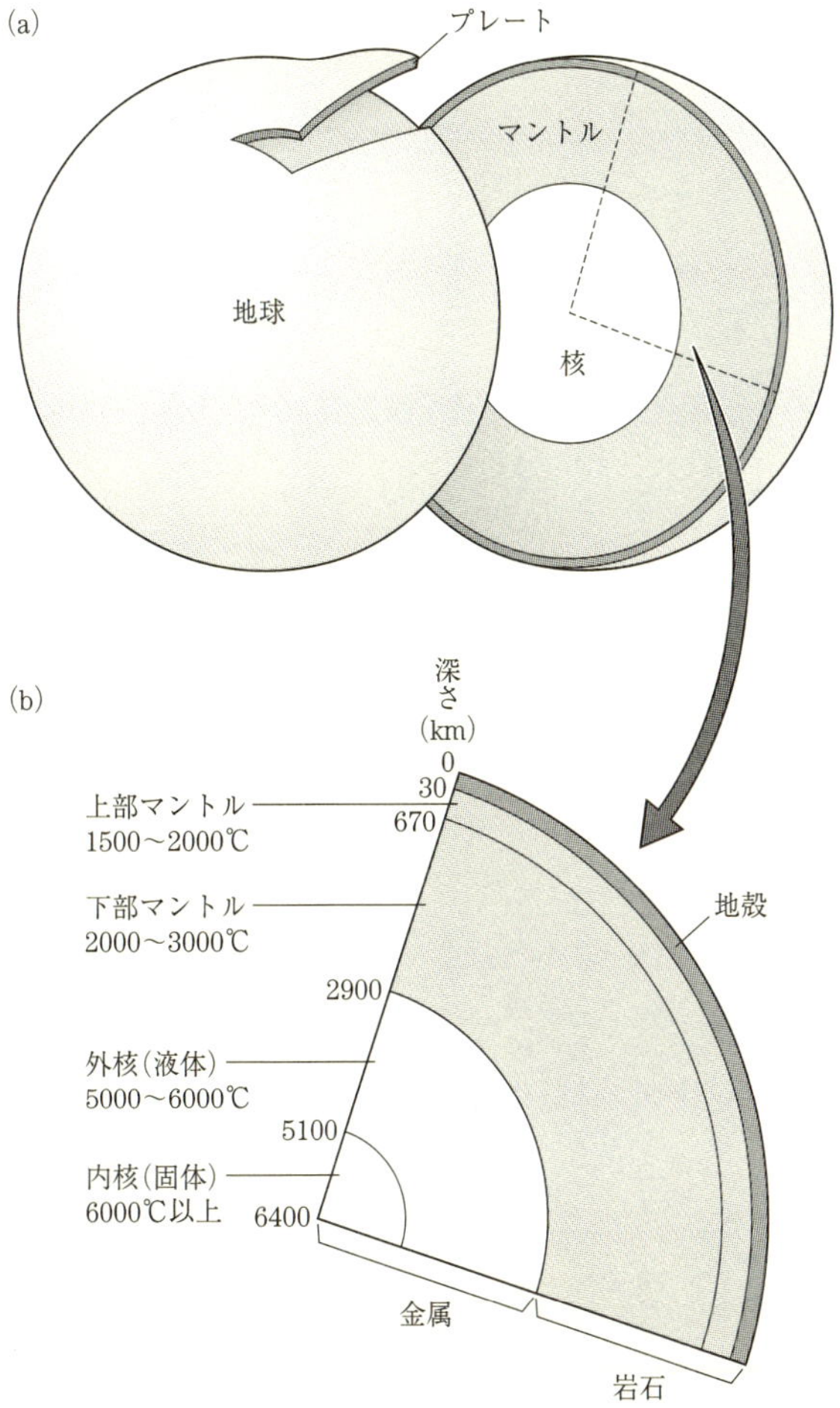
(a)
プレート
マントル
地球
核
(b)
深さ
(km)
0
30
670
上部マントル
1500～2000℃
下部マントル
2000～3000℃
地殻
2900
外核(液体)
5000～6000℃
5100
内核(固体)
6000℃以上
6400
金属
岩石

図2-4　a：地球内部の断面図。／b：地球内部を構成する物質の違い。地殻・マントル・核からなり、それぞれが異なる物質の層構造を作っている。内部ほど高温になっている。なお、地殻は誇張して実際よりも厚く描いている

プレートの下に沈み込んだ海洋プレートは、マントルの中をどんどん深く進んでゆく。なお、マントルは硬い岩石からなるのだが、何千万年という長い時間をかけて、まるで水飴《みずあめ》のようにゆっくりと動くことができるのである。

そして、深さにして六七〇キロメートルまで沈み込むプレートが、マントルの中に追跡できる（図2―5の①）。ここでいったん、プレートの沈み込みに変化が起きるのだ。深さ六七〇キロメートルというのは、上部マントルと下部マントルの境界である。ここを境にして岩石の成分や構造が変わるために分けている。

この境界よりも深くなると、沈み込んだプレートの様子は複雑になる。一枚の厚い岩板からなるプレートが、しだいに変形してゆくのである。プレートはこの境界で、どんどん溜《た》まってゆく（図2―5の②）。その結果、大きなかたまりとなって成長する。ここは大量のプレートが溜まることから、プレートの墓場と言われることもある。

プレートのさらなる旅立ち

プレートの残骸《ざんがい》は、さらに下部マントルの中を下降して、最後には外核の表面にまで

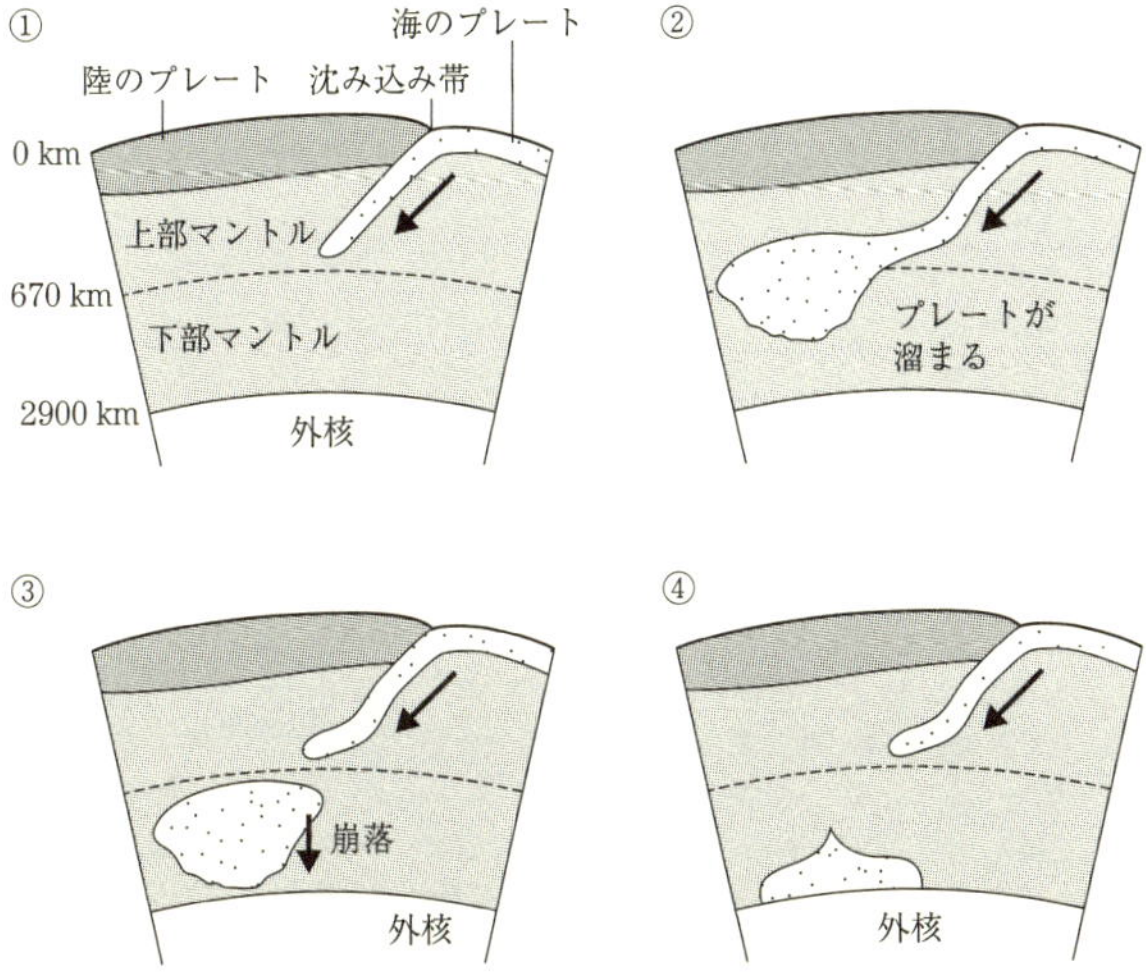

図2-5 プレートの動きと沈み込んだプレートのゆくえ。①沈み込む海のプレート、②プレートの残骸が溜まる、③プレートの残骸が下部マントルの中を崩落する、④外核の上で止まり横へ広がる

達する（図2―5の③）。このときには直径千キロメートルに及ぶような大量の物質が、何千万年もかけてゆっくりと沈む。地上から二九〇〇キロメートルのマントルと核の境界という非常に深い世界である（図2―5の④）。

地上にあった冷たいプレートの残骸が、巨大な柱となって下降する様子から、これはコールドプルームと呼ばれている（図2―6）。ところで、プルームとは英語で、「もくもくと上がる煙」という意味である。

冷たいプルーム、熱いプルームの循環運動

さて、コールドプルームという巨大な低温下降流が核にまで達すると、その反作用として核から地表の方向へ巨大なプルームが上がり始める。核とは、地球の内部でももっとも温度の高い場所である。核の中心（内核）は六〇〇〇℃以上もあり、その外側（外核）でも五〇〇〇～六〇〇〇℃近くある（図2―4のb）。

よって、反作用として上昇するプルームは、核から熱をもらって高温になっている。このキノコ状のプルームは、ホットプルームと呼ばれている。直径が三〇〇〇キロメートルにもおよぶ巨大な高温上昇流の誕生である（図2―6）。

地球の歴史では、数億年に一回くらいの割合で、コールドプルームがマントルの中を下降する。すなわち、一億年以上もかけて六七〇キロメートルにある上部マントルと下部マントルの境界で溜めこんだあと、一気に落下するのである。

現在の地球でも、下降中のコールドプルームが見つかっている。ユーラシア大陸の下にあり、アジアコールドプルームと呼ばれている（図2―6）。

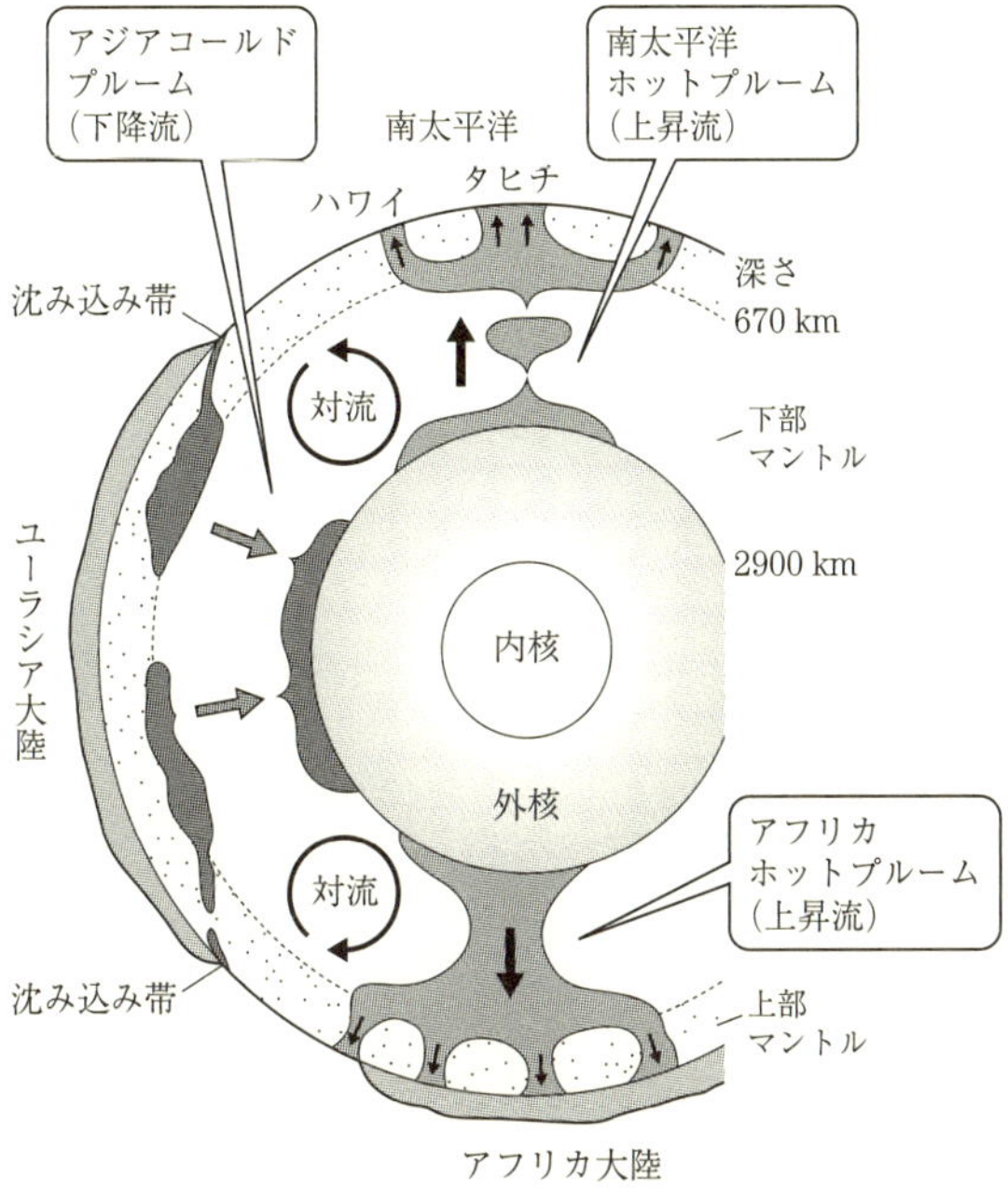

図2-6 地球内部の物質循環のようすとプルーム・テクトニクスの概念図。丸山茂徳氏と磯崎行雄氏による

コールドプルームの下降に応じて、ホットプルームも数億年おきにマントル内を上昇する。これはやがて地表付近にまでやってくる。今度は六七〇キロメートルにあった境を突き抜けて、地表にまで達するのである。この時に地球上では大規模な異変が生ずることになる。

現在、上がりかけのホットプルームが二つほど見つかっている。南太平洋とアフリカ大陸の下にあるもので、それぞれ南太平洋ホットプルーム、アフリカホットプルームと呼ばれている（図2―6）。

ホットプルームは人類が経験したことのない火山の超巨大な噴火や、大陸の分裂を引き起こしてきた。過去にそうした変動を引き起こしたことが、地層のくわしい調査からわかっているのだ。

事実、南太平洋のホットプルームは、かつて太平洋の海底に見られた大規模な火山活動の源と考えられている。また、アフリカのホットプルームは、いずれアフリカ大陸を東西に引き裂《さ》く原動力となると推定されている。

新しい立役者プルーム・テクトニクス

ホットプルームとコールドプルームは、いずれも破格に大きな規模を持つことから、合わせてスーパープルームと呼ばれることもある。このようなプルームによって物質が大規模に循環しているとする考えかたを「プルーム・テクトニクス」と言う。先ほどのプレート・テクトニクスのプレートを、プルームに置き換えた命名である。

プルーム・テクトニクスは、地球の内部でプルームが下降し上昇することで物質が循環していることを説明する新しい考えかたである。これはプレート・テクトニクス後の地球科学の立役者《たてやくしゃ》となった。

マントルは岩石からなる固体であるが、非常に長い時間にはハチミツのように流動することができる。地球の内部では、マントルは非常にゆっくりと対流しながら上下方向に移動もできるのである。

プレート・テクトニクスは地球の表面を対象とし、一〇〇キロメートルほどの深さで起きる現象を地球全体で統一的に説明することに主眼が置かれた。これに対して、プルーム・テクトニクスでは、深さ二九〇〇キロメートルまでのマントルで、物質がどのような運動をしているのかを明らかにしようとしたものである。

プルーム・テクトニクスが立体的な地球を対象としたのに比べると、プレート・テクトニクスではやや平面的な関心であった。地球は半径が六四〇〇キロメートルもあり、マントルは地球の体積の八割を占める（図2―4）。地球内部の動きを知るためには、マントルの挙動がたいへん重要なのである。マントルに関心を移してみると、プレート・テクトニクスよりもはるかにダイナミックな姿が浮かび上がってきたのだ。

プルーム・テクトニクスは提唱されてからまだ日の浅い考えかたで、現在でも研究途上にある。地球の内部をつくっている物質が何億年もかけて循環している証拠が、次々に得られてきた。

たとえば、コールドプルームによって海洋プレートを作っていた物質が核の近くにまで運ばれ、ホットプルームによって外核付近にある元素が上へもたらされる。こうした事実から、よりリアルな地球内部の姿を描くことができるようになりつつある。

2―C　火山列島の折れ曲がりとプレート運動

ホットスポットから火山誕生

太平洋のまん中に浮かぶハワイは、火山活動によって生まれた島である。今から五〇〇万年ほど前、マグマが突然海底から噴《ふ》き出した。地球の内部から絶えることなくドクドクとマグマをはき出し、ついに水面に顔を出した。火山島ハワイの誕生である。

この噴き出し口は地下の深所までつながっていて、高温のマグマの源をホットスポット（熱点《ねってん》）という。すなわち、ハワイ島はホットスポットの直上にある活《かっ》火山なのである。

さて、ハワイ島の乗っているプレートは、「太平洋プレート」という巨大なプレートである。これは日本列島へ向けて年間一〇センチメートルほどの速さでじわじわと押し寄せている。ハワイ島を作った地下のホットスポットはいつも同じ場所にあるので、作られた火山島はベルトコンベアのように日本の方へ運ばれる。

このプレートの上に乗った火山の跡が、太平洋にはたくさんある。ハワイ諸島《しょとう》と天皇《てんのう》

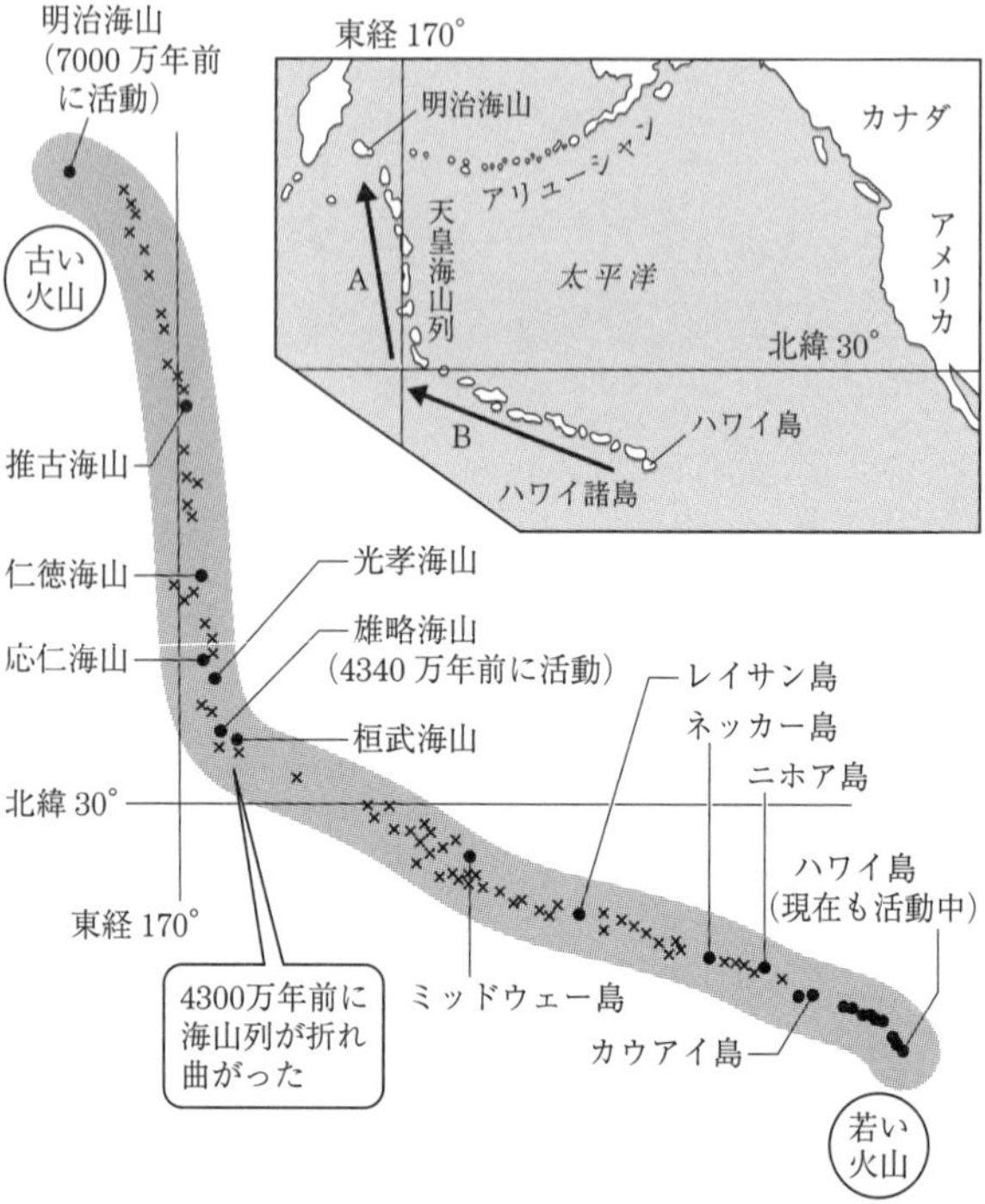

図2-7　プレート運動方向の変化を示す火山島と海山の配列。●は年代が得られた火山の位置を、×は年代のない火山の位置を示す。右上図の矢印Aは7000万年〜4300万年前の間の太平洋プレートの動きを、矢印Bは4300万年前〜現在までの動きをそれぞれ示す。クレイグ氏とダーリンプル氏の図に加筆

海山列《かいざんれつ》と呼ばれており、地図上に記していくと鎖《くさり》でつながったように見える（図2－7）。

鎖の列のいちばん東の端にあるハワイ島はもっとも新しく、現在でも噴火がつづいている。そこから西に向かってポツポツと火山島があり、形成年代がだんだん古くなる。島の連なりは海の底にまで続き、火山岩からできた地形の高まりがさらに延々と続く。海面の下に山ができているので、海山《かいざん》とよばれているものだ。ホットスポットからずれると、火山島は沈んでゆくのである。

これにはおもしろい理由がある。火山活動が停止すると、火山島は積もった堆積物の重さで沈降し始める。また、溶岩が流れてこなくなった島のまわりには、びっしりと珊《さん》瑚礁《ごしょう》が発達し、その重さで島はさらに沈んでゆく。こうして火山島は長い時間とともに海山となってゆくのである。

プルームがプレートに及ぼす影響

さて、ハワイ諸島の火山島と海山は、一直線上にきれいに並んでいる。ところが、天皇海山列へと続くつなぎ目のところで、なんと折れ曲がっている。ハワイ諸島は西北西の方向に並ぶのに対して、天皇海山列は北北西へと連なっているのだ。

ここで何が起きたのか？　と思わないだろうか。この着眼点が大切だ。折れ曲がったのはなぜだ？　と思うことから、新しい研究は生まれる。

それぞれの火山の年代を見ると、天皇海山列からハワイ諸島へと折れ曲がったのが、約四三〇〇万年前であることがわかる（図2―7）。実は、この時期の太平洋では大変なことが起きていた。

天皇海山列とハワイ諸島の並びは、プレートの進行方向を表している。つまり、四三〇〇万年よりも前に太平洋プレートは図の上のほう（北北西）へと動き（図2―7の矢印A）、それ以降には図の左のほう（西北西）へと向きを変えた（図2―7の矢印B）ことを意味する。では、何がプレートの方向を変えたのか。

この説明をするために、太平洋プレートの行く末を見てみよう。太平洋プレートは日本海溝などの沈みこみ帯で地下へもぐってゆく。プレートの残骸はしばらく停滞しているが、ある量を超えると大きな塊となって下へ崩落《ほうらく》する（図2―5参照）。太平洋プレートが沈みこむユーラシア大陸のへりでは、コールドプルームが時おり下部マントルへ落ちこんでいるのである。

さて、どうやら上記のコールドプルームの活動が、ハワイ諸島と天皇海山列の並ぶ方向が変化した時期に始まったらしいのである。今から四〇〇〇万～五〇〇〇万年ほど前、太平洋プレートの残骸が大量に地下深部へ落ちこんだ結果、地表では太平洋プレートの運動方向が大きく変わったかもしれないというのだ。

地下深部のコールドプルームが、地上の太平洋プレートの動きそのものを変えたらしいのである。このような新しい考えかたを、仮説《かせつ》という。地球の現象は、過去に起きた事実の積み重ねで現在の姿がある。

右に述べた仮説は、これから具体的な証拠を一つ一つ集めて検証される。世界中の研究者が実証に向けて走り出したところであり、その途中には思ってもみなかったような事実が出て、もっと魅力《みりょく》的な新しい考えが生まれたりする。この続きは、次の世代の研究者たちが引き継いでいくのだ。

第3章　地球の歴史

3―A　固体としての地球（太古代：四〇億―二五億年前）

地上に刻まれる歴史

本章ではわれわれが住んでいる地球の環境はどのようにして作られてきたのかについて考えてみよう。

地球は四六億年前に誕生した。その後は、環境の変化によって大きく四つの時期に分けられている（図3―1）。

地球が高温で溶けていた冥王代《めいおうだい》（四六億―四〇億年前）、地球が固まった太古代《たいこだい》（四〇億―二五億年前）、酸素が増えてきた原生代《げんせいだい》（二五億―五・四億年前）、そして生物が大繁《はん》殖《しょく》した顕生代《けんせいだい》（五・四億年前―現在）といった時代に分けられるのである。

さて、最初の冥王代は地球が生まれた直後で非常に熱く、表面がドロドロに溶けていた時代である。したがって、この時期の岩石は残されておらず、われわれが歴史の証拠として入手できるのは、二番目の太古代の始まりに当たる四〇億年前の岩石からである。

このあとの地上にはそれぞれの時期にできた岩石が残されているので、ここから地球のたどってきたくわしい歴史を読み取ることができる。また、しばらくたつと三八億年ほど前に生命も誕生したことが岩石からわかっている。

このように、地上の地質を調べることでさまざまな情報が得られるので、二番目の太古代以降現在までの時代は「地質時代」とも呼ばれる。ここから初めて地球の歴史を具体的にたどることが可能になるのだ。

ところで、証拠がないと何も始まらないというのがサイエンスの一面だ。こうして見るともっとも多くの証拠が残っているのは、四番目の顕生代からである。「地質時代」とはいえ、三番目までは霞《かすみ》の向こうの中と言っても良い。

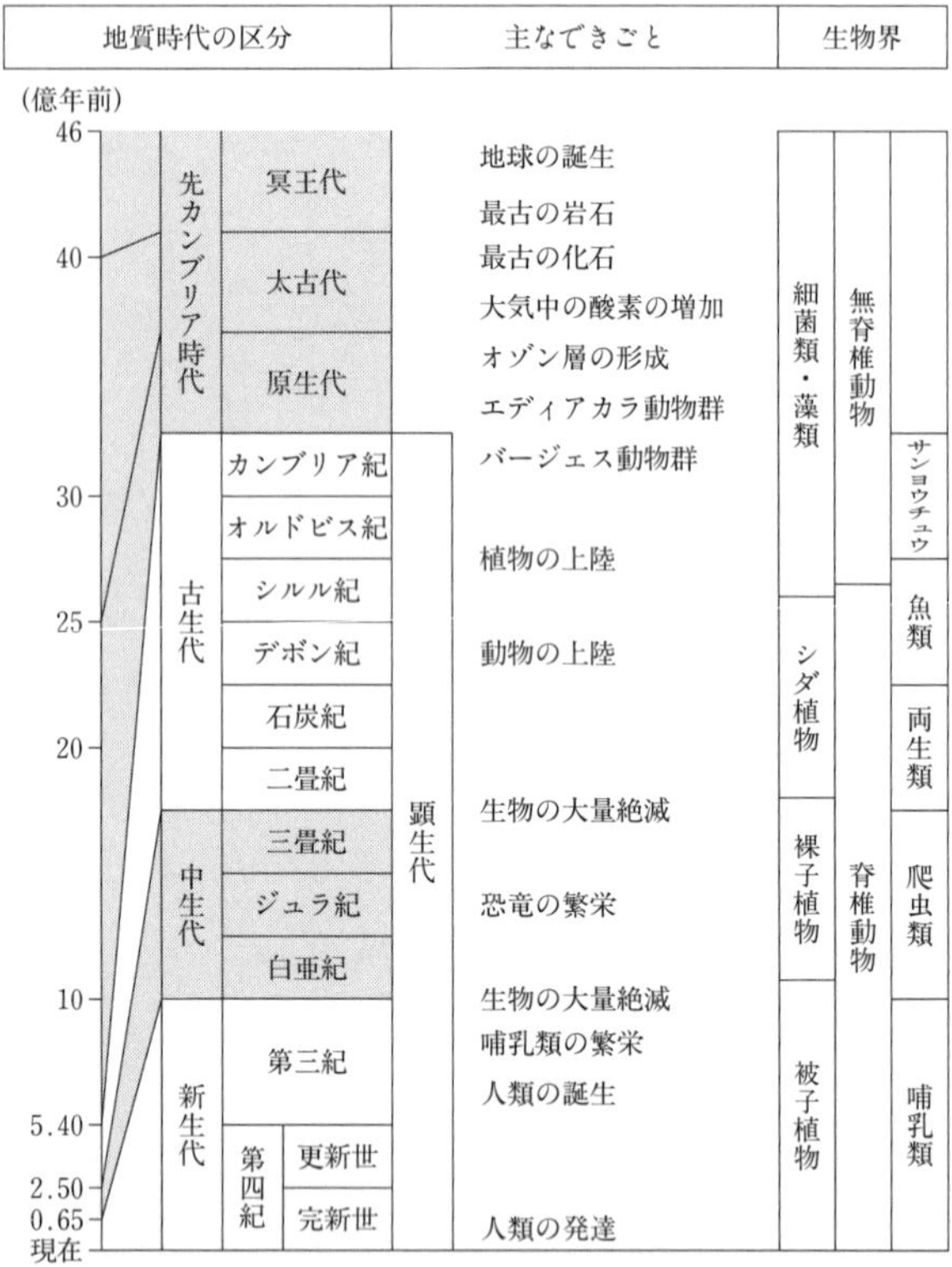

地質時代の区分
主なできごと
生物界
(億年前)
46
40
30
25
20
10
5.40
2.50
0.65
現在
先カンブリア時代
冥王代
太古代
原生代
古生代
カンブリア紀
オルドビス紀
シルル紀
デボン紀
石炭紀
二畳紀
中生代
三畳紀
ジュラ紀
白亜紀
新生代
第三紀
第四紀
更新世
完新世
顕生代
地球の誕生
最古の岩石
最古の化石
大気中の酸素の増加
オゾン層の形成
エディアカラ動物群
バージェス動物群
植物の上陸
動物の上陸
生物の大量絶滅
恐竜の繁栄
生物の大量絶滅
哺乳類の繁栄
人類の誕生
人類の発達
細菌類・藻類
シダ植物
裸子植物
被子植物
無脊椎動物
脊椎動物
サンヨウチュウ
魚類
両生類
爬虫類
哺乳類

図3-1　地球の歴史の区分。地質時代の区分（相対年代、放射年代）、おもなできごと、生物界のようすをそれぞれ表している

「地球の歴史」カレンダー

では次に、地球の歴史を分ける考えかたについて見ていこう。地質時代は、地層が積もった順番（層序《そうじょ》という）や岩石を直接測定したりして、年代や生物の移り変わりを割り出している。具体的には、図3―1のような細かい時代分けがされている。

たとえば、四番目の顕生代は、地層に残された生物の化石から順番に古生代、中生代、新生代というように分類される。さらに古生代は、カンブリア紀、オルドビス紀などとさらに細分されてゆく。ここでは、年代表の言葉は覚えなくて良いので、まずは概念を理解してみよう。

顕生代は、生命の歴史上に起きた主要な事件によって区分がなされてきた。ある種類の生物が大量に出現したり絶滅《ぜつめつ》したりした時期を境に決められたのである。

おもしろいカレンダーがある。地球誕生から現在までを一年のカレンダーにしてみると、冥王代は元旦に始まり、二番目の太古代の開始は二月十七日、三番目の原生代は六月十六日、現在まで続く四番目の顕生代はやっと十一月十八日から始まることになる（図3―2）。

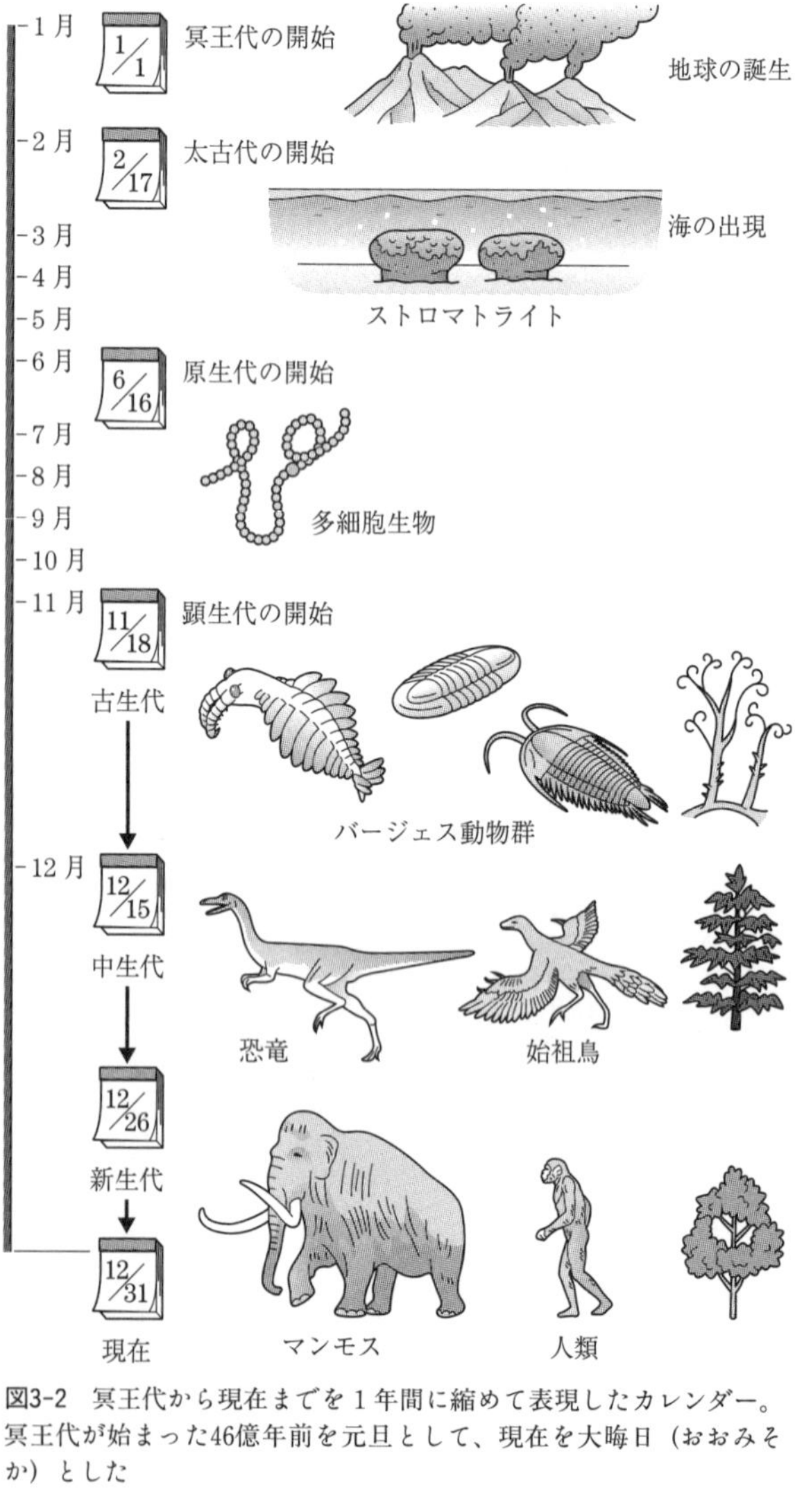

図3-2　冥王代から現在までを1年間に縮めて表現したカレンダー。冥王代が始まった46億年前を元旦として、現在を大晦日（おおみそか）とした

二番目の太古代や三番目の原生代は、非常に長い時代になっている。この時期は生物が出現する前であり、分けるための記録があまりないので、このように漠然《ばくぜん》と長い区分となっているのである。また、われわれの祖先が誕生した顕生代は、ずいぶん後半の時期であることにも気づくだろう。

ここでうまい言葉が生み出された。カンブリア紀の前の時代をまとめて「先カンブリア時代」と呼ぶのである（図3―1）。その後のカンブリア紀から現在までは、たくさんの情報をもとに環境の変化が明らかになっている。

それに対して、冥王代・太古代・原生代という初めの三つの時代（つまり先カンブリア時代）は、もともと情報が少ないので大ざっぱにまとめても差し支《つか》えないのだ。カレンダーの後半の方に興味がある場合には、これで話を早く進めることもできる。

地球の基盤ができあがった太古代

では、地上に岩石としての情報が残っている二月十七日あたりの太古代から順に、どのような環境の変遷《へんせん》があったかを見てゆこう。

太古代とは、地表が固まり基盤としての地球ができあがった時代である。現在の地球に残っているもっとも古い岩石は、その初期にあたる四〇億年ほど前のものである。

それまでの地上には、太陽系をめぐっている大小さまざまの星が地球に降り注いでいた。これは微惑星《びわくせい》と呼ばれているのだが、おびただしい数の岩石や氷の塊《かたまり》が地上に衝突《しょうとつ》していたのである。これによって地表には穴が開いただけでなく、微惑星が衝突するエネルギーが熱エネルギーに変わって地上の温度が上昇した。

この結果、地表にあったすべての岩石が溶け、いわばマグマの海のような状態になったのである（マグマ・オーシャンと言う）。これが冥王代のあいだの地上のようすであり、四〇億年ほど前まで続いていた。くわしくは第6章で解説しようと思う。

さて、カレンダーの元旦から始まった冥王代の終わりが近づくと、地球に衝突する微惑星の数が減ってきて、地上が次第に冷えてきた。その結果それまでドロドロだった地表に、固まった岩石が残るようになった。現在まで保存された岩石の中でもっとも古いものが、カナダの北部で見つかっている。

二月下旬ころの三八億年前には、海が既にあったという証拠が得られている。大西洋北部のグリーンランドで、礫岩《れきがん》など水中でできる堆積岩《たいせきがん》と、枕状《まくらじょう》溶岩が見つかった。

枕状溶岩は、水の中でマグマが地下から絞《しぼ》り出されたときにできるものだ。熱いマグマが海底に噴出した瞬間に水で冷やされ、丸い袋のような形で固まるそれが、枕を積み重ねたようにたまったのが枕状溶岩である。

枕状溶岩が見つかったことは、海底に火山があったことを意味している。三八億年前の枕状溶岩と堆積岩が見つかったことから、このころ既に海ができていたと地質学者は考えたのだ。

堆積岩と枕状溶岩は、現在でも大洋底でプレート運動によって形成されている。すなわち、今とまったく同じように、この時期には海の底で地球が動いていたのである。第2章で述べたプレート・テクトニクスが、四〇億年近くも前の太古代の初期から活動していたと考えられるのである。

この海から、のちに生命が宿るようになる。たとえば、三八億年前の海でできた堆積岩の中には、列をなした細胞の痕跡《こんせき》のようなものが見つかっている。これが地球最初の生命である可能性が高い。また、三五億年前にできた西オーストラリアの岩石には、細菌と類似する化石が発見されている（図3―1）。海は次々と生命を育《はぐく》んでいったのだ。

地球上で最初に生命が誕生した場所は、海底火山から高温の熱水が噴き出しているような特別な所であったと考えられている。生命が生まれ、さらに生きながらえるためには、海が必要だったのである。

火山島から大陸へ

次に地球上の大枠を作った地殻《ちかく》変動について見てゆこう。四〇億年ほど前に始まったプレート運動によって、海底火山はマグマを噴出させた。その噴出物が累々《るいるい》と積み上がり、火山島が形成されていった（図3―3）。

これらが集まって火山島が点々とつらなる弧状列島《こじょうれっとう》（島弧《とうこ》とも言う）ができる。さらに島弧が合体をくりかえして小さな陸地ができはじめ、最後に大きな大陸へと成長していった。その結果、二七億年ほど前には大陸と海洋という現在見られる原型ができあがったのである。

現在の地表面の三割は大陸でおおわれている。大陸はユーラシア大陸、アフリカ大陸、

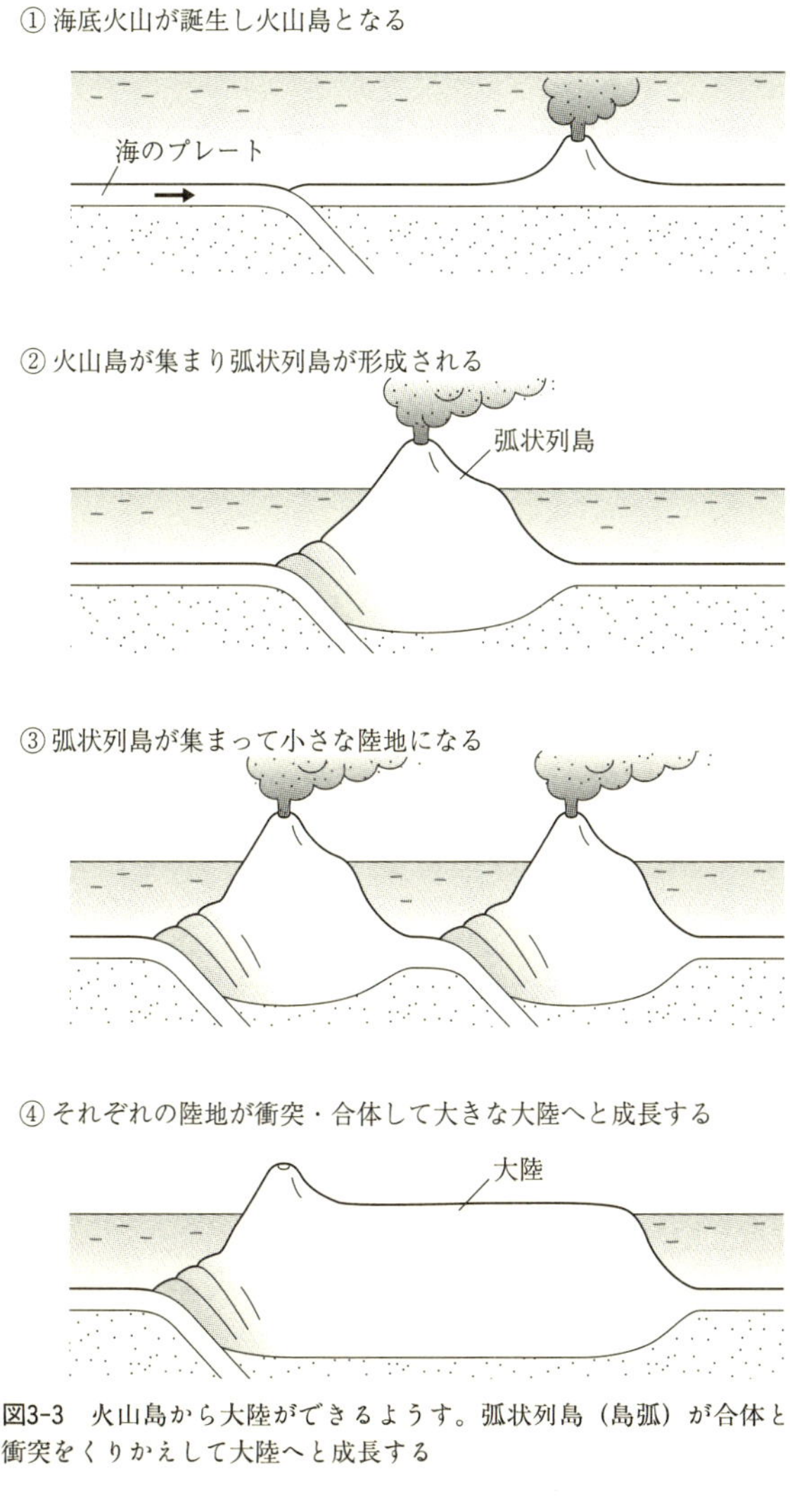
① 海底火山が誕生し火山島となる
海のプレート
② 火山島が集まり弧状列島が形成される
弧状列島
③ 弧状列島が集まって小さな陸地になる
④ それぞれの陸地が衝突・合体して大きな大陸へと成長する
大陸

図3-3　火山島から大陸ができるようす。弧状列島（島弧）が合体と衝突をくりかえして大陸へと成長する

アメリカ大陸など全部で五つあり、プレート・テクトニクスの活動によってゆっくりと地球上を動いてゆく。

二七億年ほど前に原型ができた大陸は、いくつも衝突《しょうとつ》しながら集まってゆき、一九億年ほど前に最初の超大陸ができた。超大陸とは、五つの大陸がすべて結合して一つになった巨大な大陸のことを言う。大陸は何億年もかけて集まって超大陸になり、その後何億年もかけて複数の大陸に分裂する、という歴史を繰《く》り返してきたのである。

約一九億年前の地球上で最初にできた超大陸は、ヌーナ超大陸と呼ばれているもので、その二億年後には分裂してしまった（図3―4）。しかし、ばらばらだった大陸は再び集合しはじめ、十一億年ほど前に二番目の超大陸ロディニアができあがった。これも四億年ほど時がたつと、また分裂してしまう。

次に大陸が集合して三番目の超大陸ゴンドワナができあがるのは、五・五億年前であるが、今度は一億年ほど後には分裂する。そして四番目の超大陸パンゲアの集合が完了したのは三億年ほど前であった。

現在はこのパンゲア以後の時代である。パンゲアは二・五億年前から分裂しはじめ、

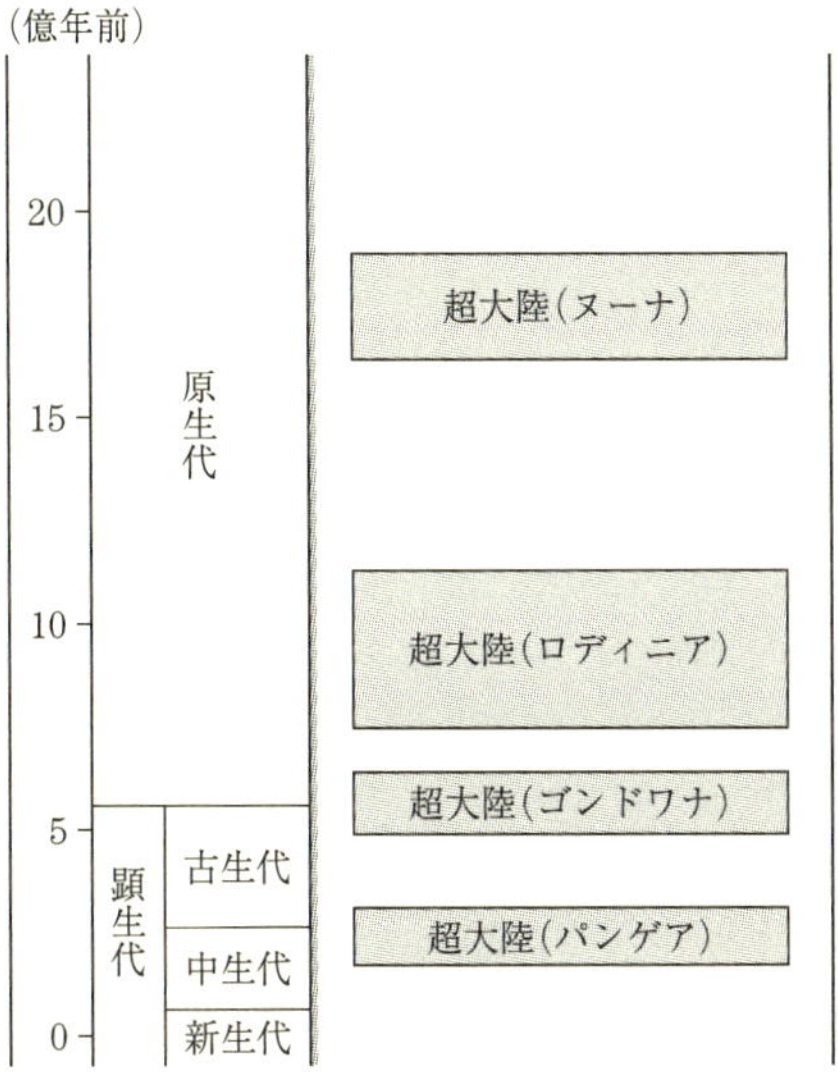

図3-4　超大陸の分布

二億年前ごろに大きく分かれて大西洋が開いた。その後、超大陸パンゲアの残りの海である太平洋の端でプレートが沈み込みはじめ、現在の五大陸という配置ができたのである。そして今でも五つの大陸はゆっくりと移動している最中というわけなのである。

このように、地球上では全部で四回もの大陸の集合と離散が起こり、地層に記録されている。生きている地球の活動によって、ちょうど氷山が海を浮遊するように、大陸は付いたり離れたりしていたのである。

光合成を行う生物の出現

さて、太古代に起きた特筆すべき事件に、光合成を行う生物の出現がある。先ほど述べた三八億年前の地球最古の生命については、情報が少なすぎてくわしいことがわかっていない。

一方、二七億年前には、ストロマトライトと呼ばれる原始的な生物が海の中に棲息《せいそく》していた。これは現在までその子孫が延々《えんえん》と生き残っている貴重な生きものである。

ストロマトライトは、シアノバクテリアと呼ばれるラン藻類《そうるい》（藍色《あいいろ》細菌ともいう）が繁茂したもので、オーストラリアの沿岸など美しい南の海に生きている（カラー口絵⑤）。

シアノバクテリアは葉緑素《ようりょくそ》を持っているため、このときすでに光合成を始めたと考えられる。光合成とは、水と二酸化炭素から太陽光をエネルギー源として有機物と酸素を作ることで、要するに細胞内に栄養分を産みだすことである（図3―5）。

このことは、太陽エネルギーと無機物（二酸化炭素）だけから繁殖する生命が地球上

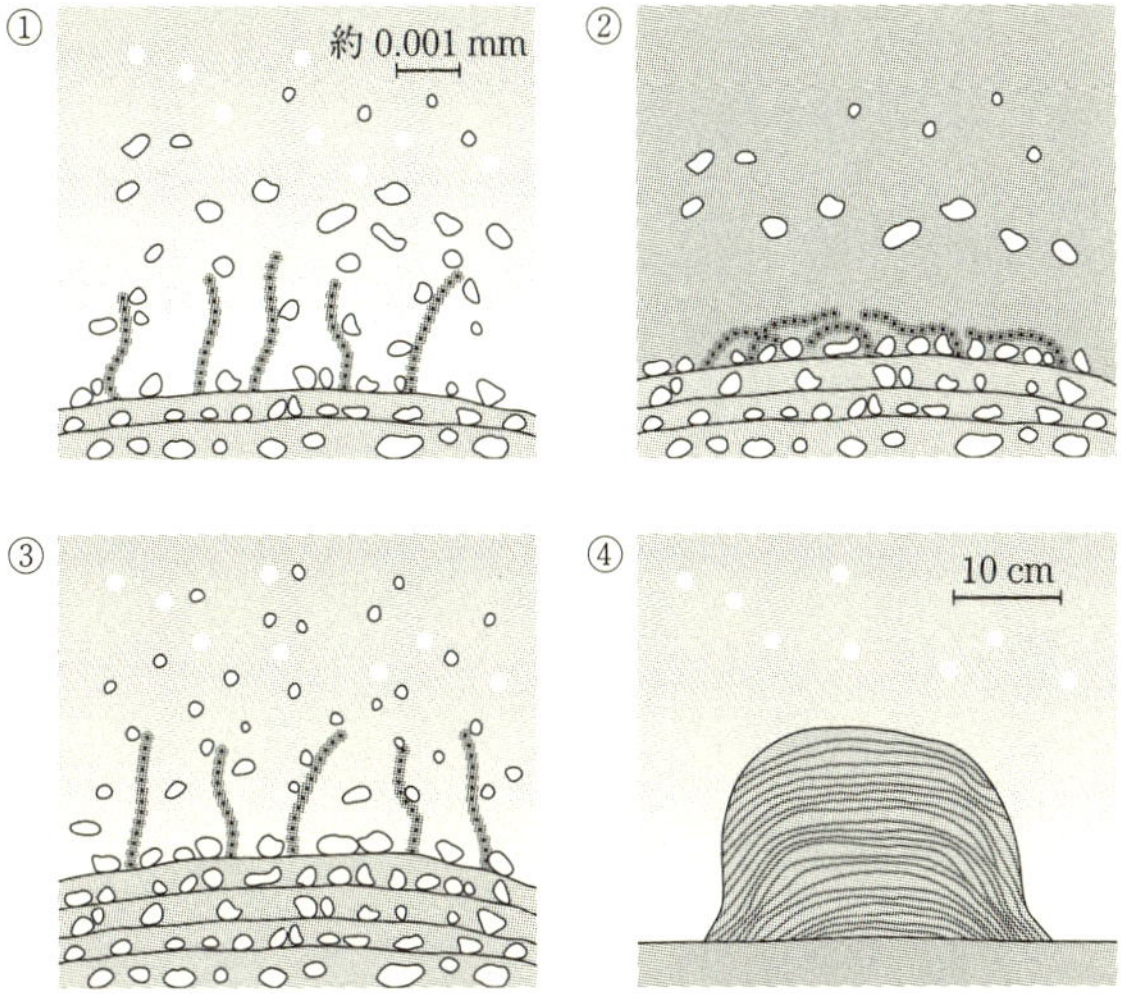

図3-5　ストロマトライトが成長するようす。
①　昼はシアノバクテリアが光合成を行うことで酸素を発生する。
②　夜は粘液が泥を固定する。
③　くり返しながら成長する。
④　丸い形のストロマトライトができあがる。
(大阪市立自然史博物館ウェブサイトの図を改変)

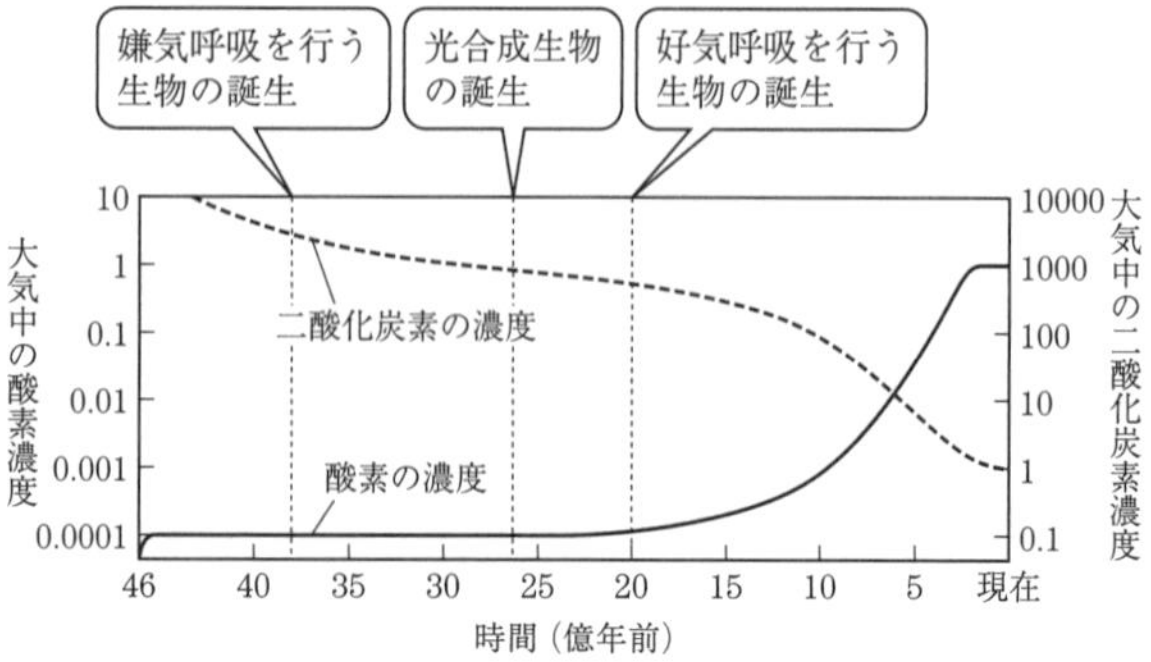

図3-6　大気の組成の時間的変化。二酸化炭素の減少につれて酸素が増えてきた。縦軸の数値は、現在の濃度を1としたときの相対値を示す。第一学習社発行『高等学校理科総合B』より、一部改変

に初めて誕生した、という大きな意味を持つ。光合成によって生物は体内に有機物（栄養分）を蓄積できるようになり、ここから地上の食物連鎖《れんさ》が始まるのである。

　光合成を盛んに行った結果、出された酸素は海中から大気へと放出されていった。そして大気中の酸素濃度が次第に増加し、それに呼応して大気の半分以上を占めていた二酸化炭素の濃度が減少していったのである（図3―6）。太古代初期の原始大気と原始海洋には、もともと酸素がなかったのである。

　その後、二五億年前から一七億年前くらいの間に、縞状《しまじょう》鉄鉱層と呼ばれる鉄を含んだ地層が大量に作られた。

これは酸化鉄と泥が細かい縞模様をつくるもので、シアノバクテリアの発した酸素と海中の鉄イオンが結合してできた酸化鉄が、海底に大量に沈殿することによって形成される。

現在採掘されている世界中の鉄鉱床のほとんどが縞状鉄鉱層からなることから、経済的にも価値の高い地層である。縞状鉄鉱層の存在は、海中で酸素が明らかに増えてきた証拠と考えられている。このように、地球上の大気は、何十億年もかけて徐々に成分が変化していった。

こういうことがわかる理由は、陸上の川でできたウラン鉱床《こうしょう》が、空中の酸素による酸化を受けていなかったからである。おそらく、ウラン鉱床ができた二〇億年前ころまでは、大気の酸素濃度は現在の一万分の一以下しかなかったと考えられている。

そのあと、現在の大気に酸素が二割ほどまで多く含まれるようになったのは、ストロマトライトを始めとする光合成生物のおかげなのである（図3―6）。地球誕生以来の歴史でも、生物が環境を大きく変えてしまったという代表例である。

ところで、酸素は現在の生物にとって、なくてはならないものである。しかし、酸素

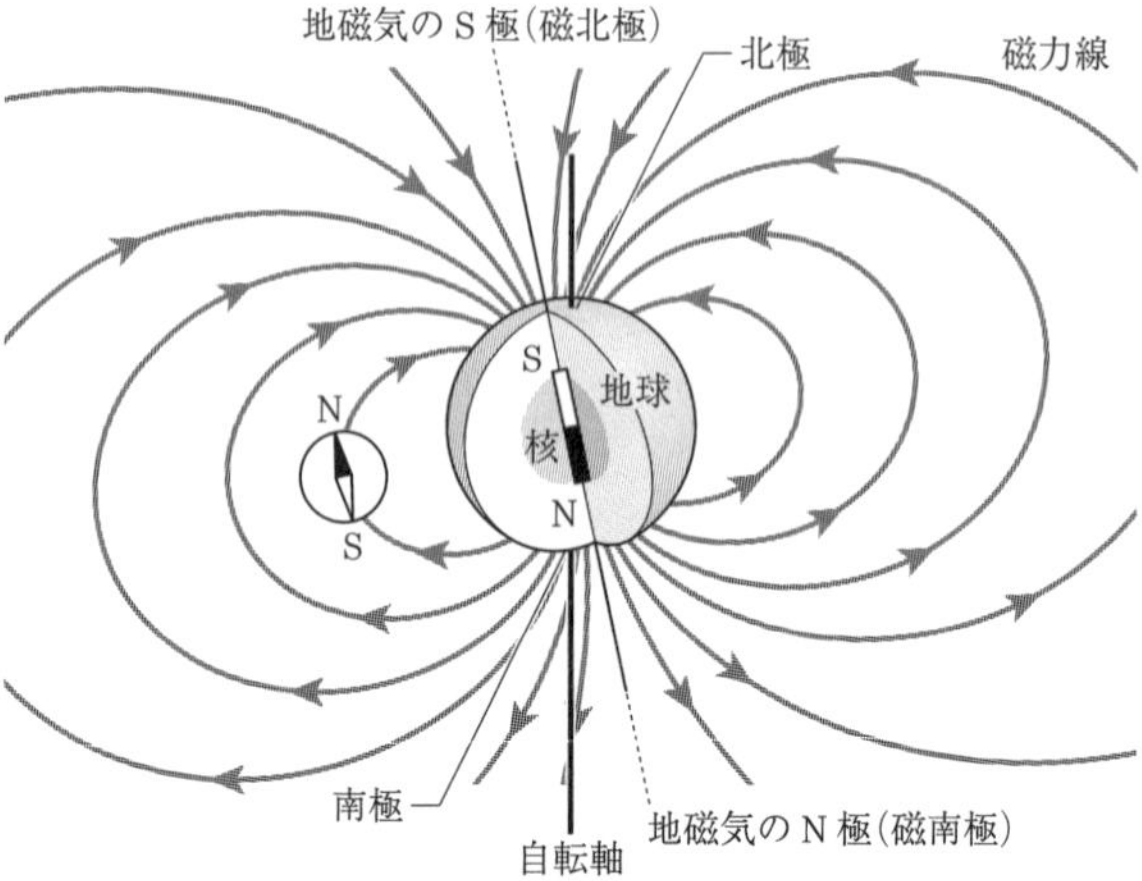

図3-7 地球のつくる磁場。ちょうど地球の中心に巨大な棒磁石を置いたような磁場ができ、コンパスはこれにしたがって方位を示す

があると生きてゆけない嫌気《けんき》性の生物にとっては、大気中の酸素の増加は地球上の最大の「環境汚染」であっただろう。このように見かたを変えて理解することも、地学の大切な点である。なお、海水中の鉄イオンが酸化鉄になって使い尽《つ》くされた後では、シアノバクテリアが発した酸素は大気へと逃げていった。このため二三億年前ころには、大気中の酸素の濃度が上昇し、酸化鉄を含む地層が大量にできはじめた。これが世界中の大陸で広く分布する赤色砂岩《せきしょくさがん》と呼ばれる赤い地層である。

さらに時代の下った一八億年前ころに

は、大気圏の上部にオゾン層が誕生した。オゾン（O_3）は三つの酸素原子からなり、生物にとって有害な紫外線を遮断《しゃだん》する性質を持つ（第5章参照）。その後オゾン層は五億～四億年前ころに完成し、そのおかげで生物が陸上に上がって生活を始めることができるようになった。すなわち、生物の生存域が拡大するきっかけとなったのである。

生命を守る地球の磁場

生命を守るバリア（障壁《しょうへき》）に関しては、もう一つ地球の磁場《じば》という要素がある。実は、地球は巨大な磁石《じしゃく》である。たとえば、野外に出たときに使うコンパス（方位磁針）のNが北を指すのは、地球が磁場を作っているからである。地球の北極の近くには磁石のS極（磁北極と言う）、また南極の近くに磁石のN極（磁南極）がある（図3－7）。

これらに引き合うようにコンパスのNが北を向き、またSが南を向くのである。地球は巨大な一本の棒磁石と見なせるのだが、このような現象を地球の磁場と呼ぶ。

磁場は地球のいちばん深部にある核から発生している。地球の中心には内核があり、そのまわりに外核がある。いずれも鉄の合金からできているのだが、内核は固体、外核

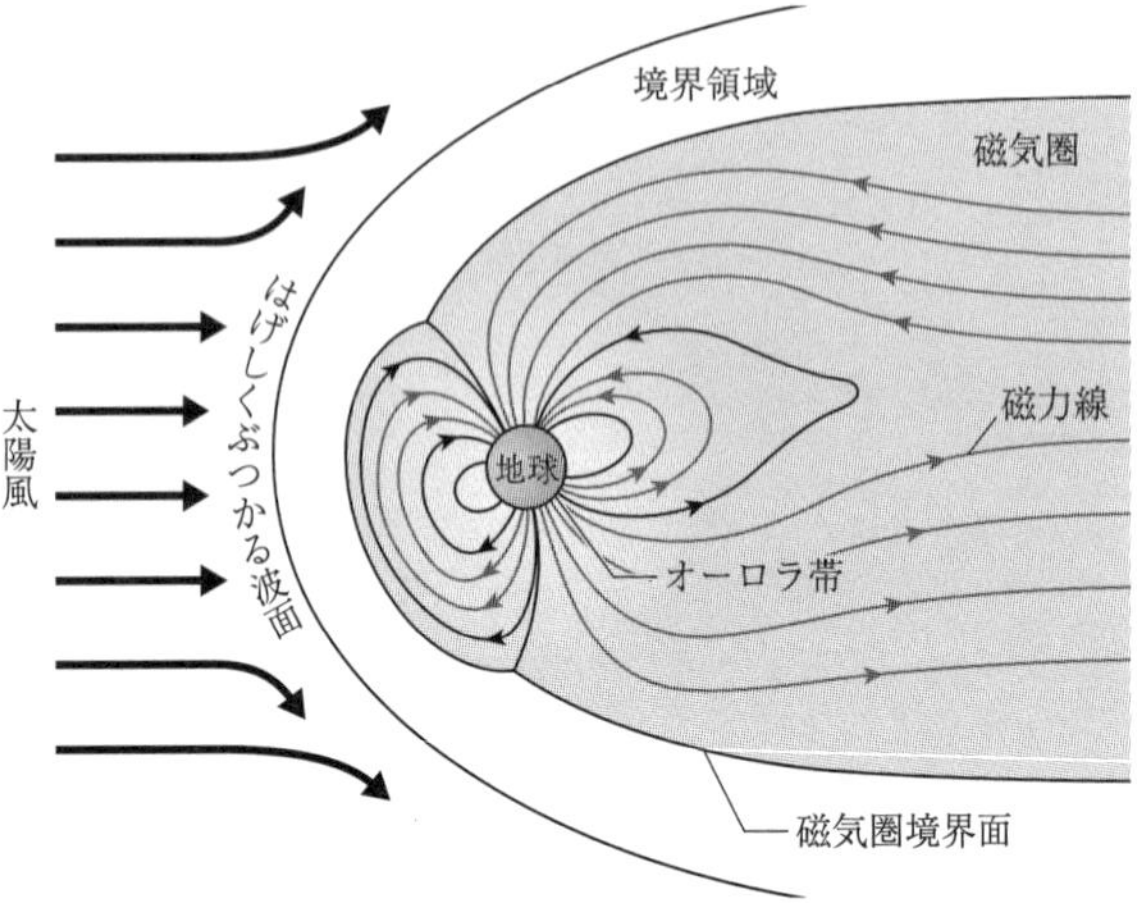

図3-8　有害な太陽風を防いでくれる地球の磁気圏

は液体である（図2－4参照）。

　外核はこの上にあるマントルによって冷やされ、また下にある内核によって暖められている。その結果、外核をつくる液体の金属は、いつも対流を起こしている。

　温度の差があるときに、液体は動くのである。たとえば、お椀《わん》に入った味《み》噌《そ》汁《しる》を上から見てみよう。空気で冷やされた汁が下へ沈むのと置き換《か》わるように、椀の底にある温かい汁が上がってくるようす（対流）が見られる。これと同じことが液体の外核でも起きているのである。

　液体の金属が動くと電流が流れ出し、電流が流れると磁石の性質が生まれる。これが地球全体の磁場の源となる。理科の実験で、鉄の棒にぐるぐる巻いた電線に電流を流して電磁石を作ったことはないだろうか。

さて、磁場は地球上の生命にとってたいへん重要なものである。これが宇宙からやってくる有害な放射線をさえぎってくれるからである。太陽は陽子や電子さらにヘリウムの原子核などの強い放射線を出しており、地球にたえず降り注いでいる。太陽風《ふう》と呼ばれるもので、地表で暮らしている生物には大きな打撃となるものだ。

地球を取り巻いている磁気圏は、太陽風の防御壁《ぼうぎょへき》となっている（図3―8）。この中で地上の生物が守られているのである。

しかし、宇宙からくる放射線は有害なだけではなく、美しいオーロラを作っている源でもある。地球の磁場をすり抜けて入った放射線が、北極圏と南極圏で見られる神秘的なオーロラを発生させる。

なお、オーロラとは、この放射線が空気中の酸素原子や窒素《ちっそ》分子と衝突して発光する現象である。オーロラは緑と赤の光からなるのだが、酸素原子からは緑色、窒素分子からは赤っぽい色の光が出る。

さて、二七億年ほど前には、内核が大きく成長し、外核の液体金属が対流を開始した。これによって初めて地球の磁場が発生したのである。その結果、太陽風が地上に到達しなくなり、生物が生活できる大事な条件が確保されるようになった。このように地球上の生命は、海やオゾンや磁場など何重ものバリアによって守られてきたのである。

3—B　地球環境の基盤ができあがった：原生代（二五億—五・四億年前）

生物の爆発的な進化とは？

原生代は二五億年前から五・四億年前までの長い時期であり、地球上に酸素が増えてきて、地球環境の基盤ができあがった時代である。この時代の終わりには生物が爆発的に進化し、次の顕生代《けんせいだい》への橋渡しとなった（図3—1、図3—2）。

ここでは、最初に原核《げんかく》生物から真核《しんかく》生物を生みだしていった変化から述べていこう。二七億年前に棲息《せいそく》していたストロマトライトは、原核生物のラン藻類《そうるい》である（カラー口絵⑤参照）。原核生物とは細胞内に核を持っていない下等な生物であり、遺伝物質の

DNAを細胞の中にそのまま持つ。

原核生物が進化して核を持つようになったものは、真核生物と呼ばれる。細胞の中にDNAを格納した核を持ち、原核生物よりも数倍以上も大きくなる。

また、真核生物はミトコンドリアを持つ生物である。ミトコンドリアは、酸素を吸って二酸化炭素を出す「呼吸」を行う機能を持つ。呼吸とは、生物が自分の生存に必要なエネルギーをつくりだす作用のことだ。

それまでの原始的な生物は、酸素を使わない嫌気《けんき》呼吸を行っていた。ミトコンドリアを持つことによって、酸素を使ってより効率よくエネルギーを得る好気《こうき》呼吸を行うようになったのである（図3―6）。こうした能力を持つ地球上でもっとも古い真核生物が、二〇億年ほど前の地層で見つかった。

海水に溶け込んだ二酸化炭素は、光合成を行う生物の活動によって海底に石灰岩として固定されるようになった。二〇億年ほど前のことである。海水中の二酸化炭素の濃度が減ると、大気中の二酸化炭素をますます溶かし込むようになる。これにより、大気中の二酸化炭素濃度はさらに減少していった（図3―6）。

その後、一〇億年前頃には、単細胞の真核生物から多細胞生物の出現へと一気に進化が進んでいった（図3―2）。同時に、雌雄《しゆう》の生殖細胞が合わさって子孫をつくる有性生殖を行う生物も生まれた。このような新しい機能の追加から、生物が大型化しさまざまな種が誕生するという多様化への道をたどっていったのである。

雪玉地球から温暖地球へ

しかし、生物種の拡大は、順調に続いていたわけではない。七億～六億年前には、地球表面の大部分が厚い氷に覆《おお》われるという大変動があった。当時は、約十一億年前にできた二番目の超大陸であるロディニアが存在していた（図3―4）。

この時期の地層には、世界中で氷河によってできる堆積物が厚く残っている。すなわち、ロディニア超大陸は氷河で覆《おお》い尽くされ、大部分の海洋も凍結したのである。その結果、多くの生物が絶滅した。これは全球凍結事件、またはスノーボールアース（雪玉地球）仮説といわれるもので、地球上の全生物にとって一大危機であった。

ここで地学を学ぶ上で大切なことを話しておこう。「事実」と「原因」についてである。地学の授業をしていると「なぜですか？　どうしてですか？」とよく尋《たず》ねられる。しかし、この質問には答えられないことがしばしばある。

地球の現象では、事実としてそこに存在はするが、なぜそのような事件が起きたかについては答えられないことがたくさんある。たとえば、氷河の堆積物が六億年くらい前にあったということは、事実としてはっきりと提示できる。そのときの地球がスノーボール状態であったことも事実である。

しかし、どうしてその現象が起きたかについての理由は、うまく答えられない。こうかもしれない、ああかもしれないと推測することはできるが、確かな証拠と論理がないと、「原因」については確定しない。いわば、科学的に因果《いんが》関係を突き止めたことにはならないのである。

空想と科学が決定的に違うのはこの一点である。科学では、多くの正確なデータを基に、因果関係を証明しようとする。そして、誰《だれ》が行っても同じ結論が出なければならない。たとえば、誰もが納得するデータが得られないうちは、どうしてそうなったかは決定できないのである。

といって、原因がわからなければ何も進まないわけではない。現実に残っている地層や化石・岩石から、事実としてこんな現象があったであろうということはきちんと言える。

その事実を野外調査によって探す仕事を、フィールドワークという。地学はフィールドワークに根ざした学問であり、理屈だけを追う学問ではない。いわば地球の過去に起こったすべての事実に根ざした科学なのである。

さて、話をもどそう。その後、大氷河期は六億年前ころに終わり、地球は一気に温暖化していった。ここで関与したのは、第2章（48ページ）で述べたホットプルームである。

南太平洋に出現したホットプルームによる大規模な噴火活動は、マグマに溶けていた二酸化炭素を大量に大気の中へ放出した。これが温室効果をもたらし、地表の温度が急上昇したのである。

地球を広くおおっていた氷が溶け、ふたたび海は蘇《よみがえ》った。全球凍結の時期にわずかに生き残っていた生物は、さらに繁殖をくりかえし、大型の多細胞生物が一気に進化した。

これが次に述べるエディアカラ動物群の出現である（図3―1）。

なお、この大規模な火山活動によって、地球史上二番目の超大陸であるロディニアが分裂を開始し、三番目の超大陸ゴンドワナまで大陸移動を続けるのである（図3―4）。

化石の時代の到来

全球凍結事件を乗り切った後には、奇妙な形をした化石がたくさん出てきた。まったく新しい種類の大型の動物化石が、原生代末期に当たる五・九億年前の地層から数多く出現したのである。これらはエディアカラ動物群と呼ばれ、ちょうどクラゲのように、硬い組織を持たない動物である。

厚い氷河堆積物の上に暖かい海でできた石灰岩があり、この中にエディアカラ動物群の化石がたくさん残されていた。これらの生物は、全球凍結事件のあと海洋が急に暖かくなったために、爆発的に進化し繁殖したと推定されている。エディアカラ動物群は、硬い殻《から》を持たないために現在の生物の祖先とは考えにくく、原生代の末には絶滅した。

その直後には、生物が地球上の大きな主役の一つとなる顕生代が始まる。五・四億年前のことであり、顕生代とは「生物が顕著《けんちょ》に見られるようになった時代」という意味である（図3―1）。

顕生代の一番初めであるカンブリア紀になると、硬い殻や骨格を持つ動物が出現した。外骨格によって食べられないように捕食者から身を守ろうとしたのだが、そのおかげでカンブリア紀の動物は化石が残りやすくなった。

このため、かつての地質学では、カンブリア紀の最初に化石を残した動物から顕生代という時代区分をしたのである。一方で、身をおおう殻を持たなかったエディアカラ動物群の生物は、化石として残りにくかったために、二〇世紀半ば（一九四七年）まで発見が遅れたというわけである。

顕生代は、古生代、中生代、新生代と、それぞれ生物の種類が激変した時期によって、三つに分けられている（図3―2）。それぞれの境では、大量絶滅があったのである。これについては次章でくわしく述べよう。

第4章　地球変動による生物の大絶滅と進化

「棚上《たなあ》げ法」でツボを押さえる

地学の話を続ける前に、ここで「棚上げ法」という本の読み方を紹介しよう。読書とは文字を頭の中でイメージに変え、著者の考えを追体験していく作業だが、そのときの頭の使いかたには二種類ある。

一つは、すでに知っている知識や情報を呼び起こし確認していく読書である。この時には「そうだよね」とか、「これで良かったんだ」という感情が生まれる。

もう一つは、まったく新しい情報や知識を得るために行う読書である。新しい知識は、頭の中にするすると入ってこないことが多い。ましてや聞いたこともない言葉や考えかたを理解するのには、誰でも苦労する。こういうときに便利な読書法として「棚上げ法」を提案したい。

わからない言葉の理解にあまり時間を費やさず、覚えられない情報は無視して、とにかく先へ読み進むのである。そうするうち全体像が浮かび上がり、疑問点がひとりでに氷解するようになる。

さて、この章で「カンブリア紀」や「オルドビス紀」など聞き慣れない用語や年代が出てくるが、一つ一つの言葉に固執《こしつ》せず、つぎつぎと読み進めて欲しい。おおよそのストーリーをつかみさえすれば、「地学のツボ」だけが頭に残り、達人への道が開けるだろう。

顕生代《けんせいだい》をさらに分けると

さて、顕生代に入ると、生物はさらに進化してゆく。顕生代は古生代・中生代・新生代に分かれ、最初の古生代はさらに、前半の海の時代、後半の陸の時代に分けることができる。

前半のカンブリア紀、オルドビス紀、シルル紀には、海中で動物がさまざまな姿へと進化していったが、後半のデボン紀、石炭紀、二畳紀には生物が陸に上がって繁栄したのである（図3—1参照）。

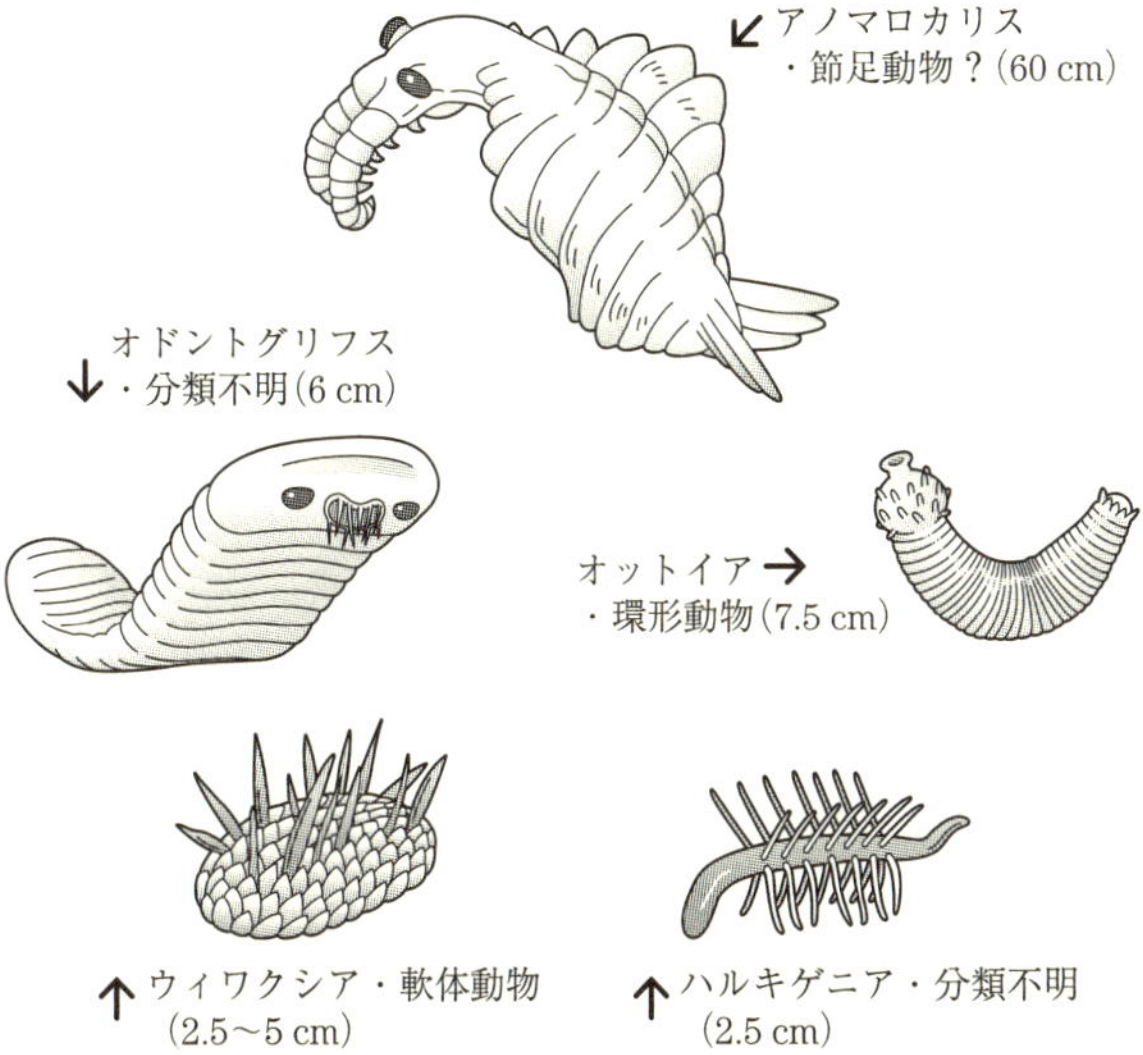

図4-1　古生代カンブリア紀の中期に産出したバージェス動物群。カッコ内は体長を表す

では、古生代最初のカンブリア紀から見てゆこう。

4―A　カンブリア紀の大爆発

生物が海から陸へ

カンブリア紀には海に棲《す》む生物が爆発的に出現した。現在の地球上で見られる大部分の生物は、この期間に先祖が出現したのだ。その総数は八千を超える。

五・三億年前には多様な動物が一気に出現した。「カンブリア紀の大爆発」と呼ばれるもので、バージェス動物群が知られている（図4―1）。

バージェス動物群は、先カンブリア代末期のエディアカラ動物群と異なり、硬い殻《から》や骨格を持つ動物である。捕食者から身を守ろうとしたおかげで、カンブリア紀の動物は化石が残りやすくなった。

また、外骨格は外敵から身を守る鎧《よろい》としての役割のほかに、カルシウムを貯蔵する役割を果たす。カルシウムは神経系統の情報伝達に不可欠なもので、生命活動には欠かせない物質である。

次のオルドビス紀までの生物は、すべて海の中に棲《す》んでいた。その頃、地球上には酸素が増えており、太陽から降り注ぐ紫外線を吸収することによってオゾン層が形成された。

紫外線は、生体を構成するタンパク質や遺伝を司《つかさど》るDNAを破壊してしまう。有害な紫外線が吸収されるようになったことは、生物が陸に上がることができた要因の一つである（図4―2）。オルドビス紀には、現在と等しいレベルにまで紫外線は減少していたのだ。

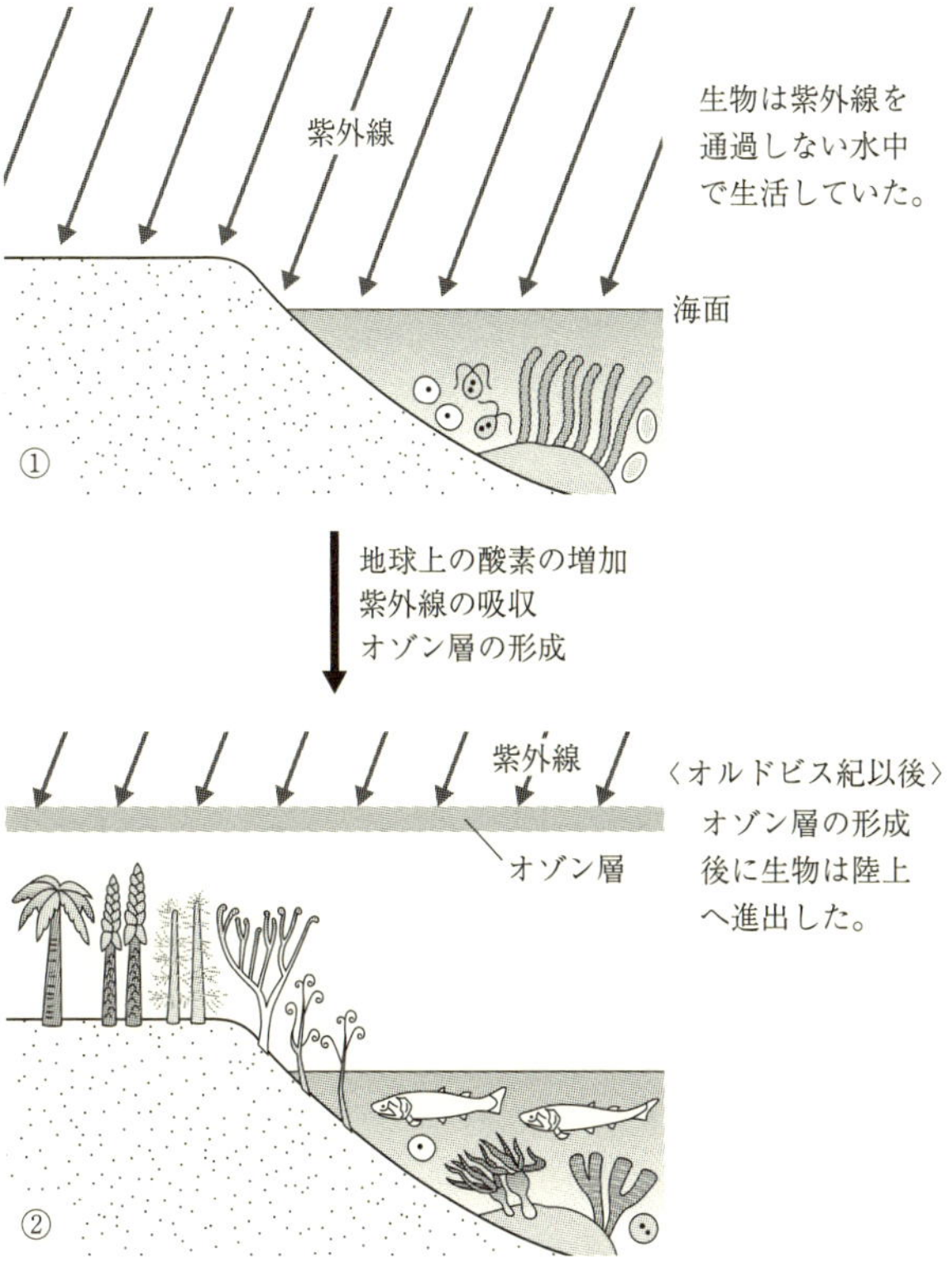
紫外線
生物は紫外線を
通過しない水中
で生活していた。
海面
①
地球上の酸素の増加
紫外線の吸収
オゾン層の形成
紫外線
〈オルドビス紀以後〉
オゾン層の形成
後に生物は陸上
へ進出した。
オゾン層
②

図4-2　オゾン層の形成により生物の生活領域が拡大した

こうして環境が整ったために、生物は次第に陸へ上がっていった。まだ生物がいない陸上では、ほかの種と生存競争をしなくても済《す》むという利点がある。生きるための知恵ははかりしれない。生物は、自分の体の構造までも変えることによって、より安全に生活できる場所を選び出していったのだ。

植物の上陸、動物の上陸

最初に陸上に進出したのは、植物である。植物は、地中から水を吸い上げるストローの機能を持っていた。維管束《いかんそく》と呼ばれるこの管は、根を通して地中にある水とミネラル分を吸い上げることができる（図4―3）。

また、このストローは、光合成で得た栄養分を体のすみずみまで運ぶことも可能にした。個体内で水を自由に移動できる維管束を持つことで、個体全体を直接水に接触させなければ生きられないコケ類とは、決定的に形が変化した。すばらしきストローである。その結果、デボン紀の終わりころには、シダ植物が陸地の上で大森林をつくるようになったのである（図3―1参照）。

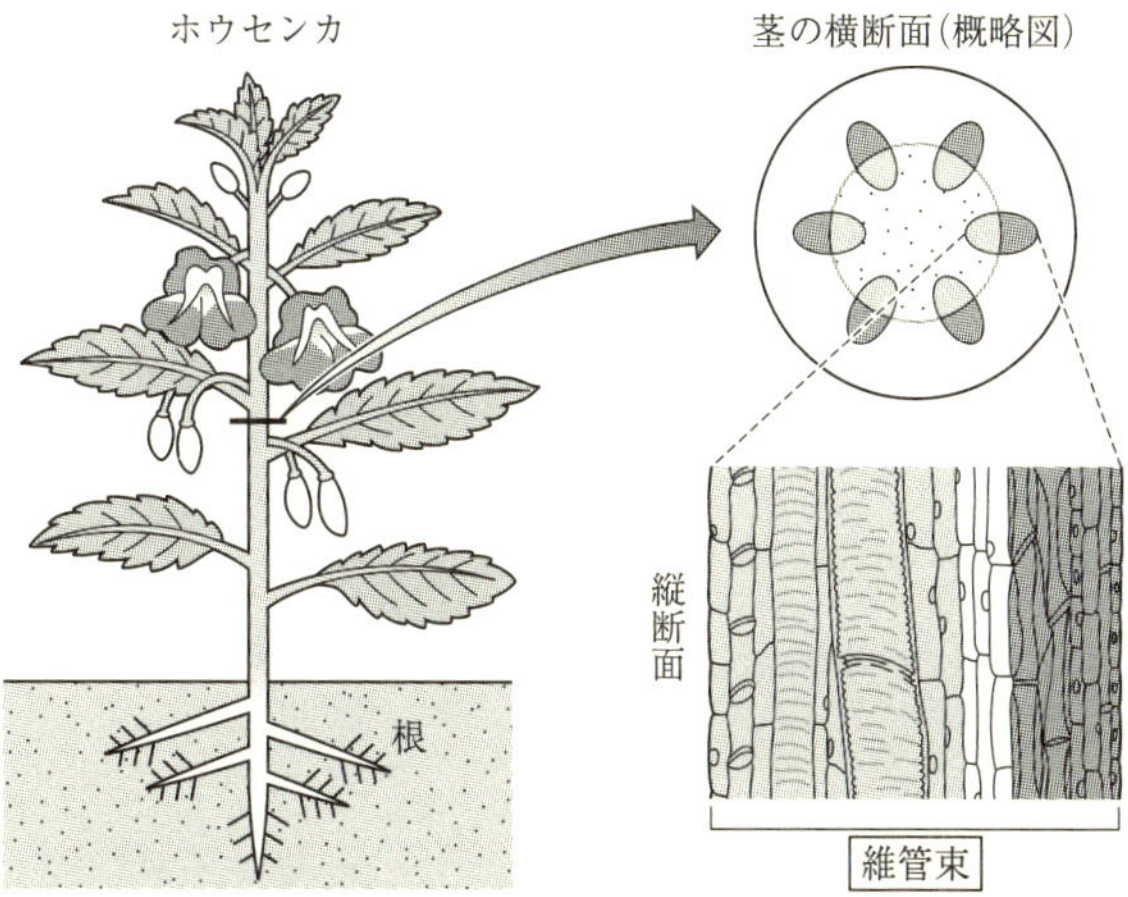

図4-3 植物の維管束。ホウセンカの茎の横断面と縦断面。ストロー状の管が茎の内部を走り、地中から水やミネラル分を吸い上げる

次に、海の中で生息していた動物が陸上に進出するためには、環境の激変に耐えるため体のつくりという点でいくつかの条件をクリアーしなければならなかった。

まず九〇%以上が水分からなる体を乾燥から守る皮膚《ひふ》が必要であった。また、水中では水が体を支えてくれたが、陸上では重力がかかるので体を持ちこたえる骨が必要となった。水の浮力によって軽くなっていた分を、硬い骨格で補《おぎな》って支えようというわけである。

その結果、背骨を持つ両生類《りょうせいるい》の動物(脊椎《せきつい》動物)が最初に陸へ上がっていっ

た。両生類とはカエルの仲間であり、水中と陸上の両方で生活することができる（図3―1参照）。

次に、両生類から爬虫類《はちゅうるい》が進化していった。爬虫類とはヘビの仲間で、ウロコのような皮膚でおおわれているため陸上でも生活が可能である。また硬い殻を持つ卵を産むことによって、乾燥した地上で孵化《ふか》することができる。

4―B　古生代末の生物大絶滅

パンゲア超大陸が分裂した

こうして生物は、陸上生活も可能な種へと進化を遂《と》げていったが、古生代の終わりには大量の生物が絶滅した（図4―4）。それまでに生きていた種を数えると、二億五〇〇〇万年前を境として九割以上が死滅したとされている。このような大量絶滅には、地球規模の大変動が関わっている。この時期に二つの大きな事件が起きたのである。

最初の大事件は、超大陸の分裂開始である。当時は現在の五大陸をすべてつなぎ合わ

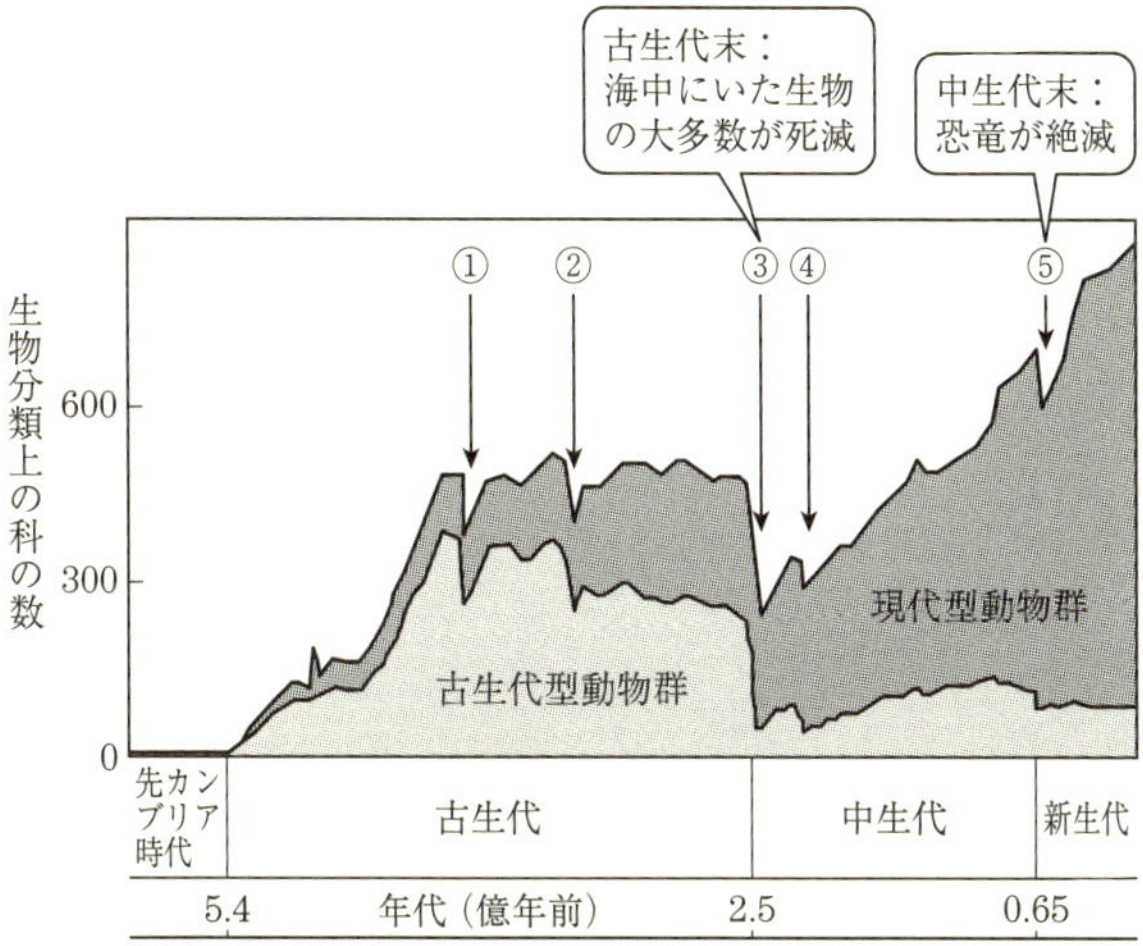

古生代末：
海中にいた生物
の大多数が死滅
中生代末：
恐竜が絶滅
①
②
③
④
⑤
生物分類上の科の数
600
300
0
現代型動物群
古生代型動物群
先カンブリア時代
古生代
中生代
新生代
5.4
年代（億年前）
2.5
0.65

図4-4　地質時代に起きた5回の大量絶滅（①〜⑤）。③古生代末と⑤中生代末が特に重要。縦軸の「科」は生物分類上の単位の一つ。啓林館発行『高等学校地学Ⅰ改訂版』より、一部改変

せたパンゲア超大陸があった（第3章68ページ参照）。これが二億五〇〇〇万年前に起きた大規模なマグマの噴出をきっかけに、分裂をはじめたのだ。

現在のインド・シベリア・アフリカといった地域で、二億五〇〇〇万年前に大量の玄武岩質《げんぶがん》の溶岩が噴出したのである。マグマが地表に流出したものを溶岩という。あまりにも噴出量が大きく洪水のように流れたことから、「洪水玄武岩」と呼ばれている。この噴出がきっかけとなり、超大陸の分裂が起きたのである。

洪水玄武岩の噴出は、第2章（48ページ）で述べたホットプルームとよばれる高温の大規模な上昇流によって生じた。すなわち、地殻《ちかく》の浅いところを起源とするマグマではなく、地下深部から大量に発生したものなのである。

玄武岩質溶岩の噴出は現在のハワイでも見られるが、このときはそれとは比べものにならないくらい大規模な溶岩流が一気に出た。では、洪水玄武岩が地上で一気に噴出すると、どんな事が起こるのか見てみよう。

ホットプルームのもたらした熱は地殻《ちかく》を融《と》かしてゆき、二酸化珪素《けいそ》（SiO_2）を多く含む大量のマグマを生産した。このマグマは噴火の途中で大規模な火砕流《かさいりゅう》を噴出し、膨大《ぼうだい》な量の火山灰を大気中へ放出した（図4－5）。火山灰は地球を何周も駆《か》けめぐるほどの勢いで、何年間も太陽からの日射をさえぎり、地表での気温低下をもたらしたのである。

このとき、溶岩とともに大量の火山ガスが地表にもたらされた。高温の火山ガスの成分は生物にとって有害であり、地球の生存環境を一気に悪化させた。たとえば、酸性雨《さんせいう》が地上に降りそそいだために、硫酸性の水が川から海までを汚染し、生物の絶滅を引き

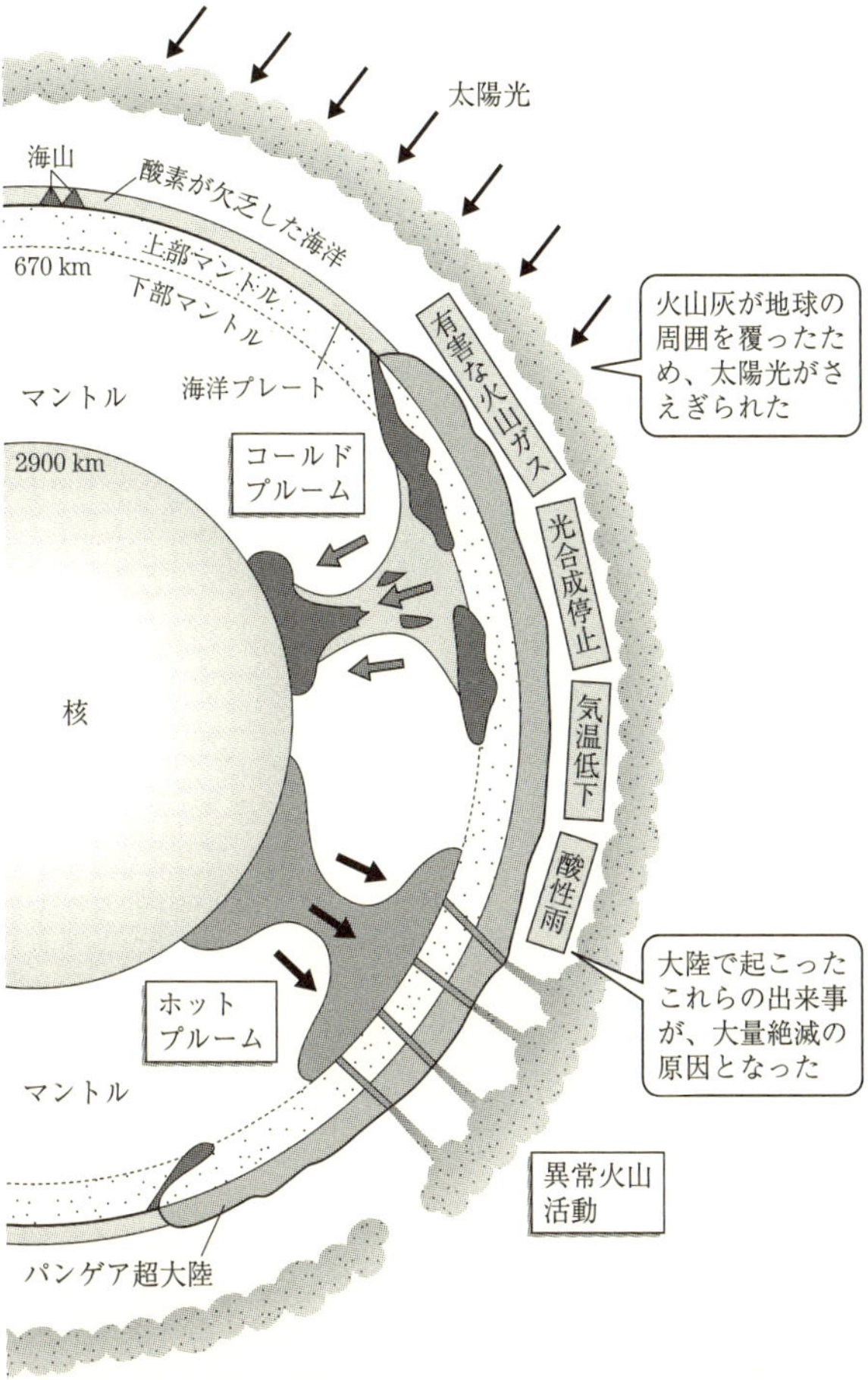

図4-5　古生代末に大量絶滅を起こした頃の地球の状態。長期間にわたり太陽光がさえぎられ、「プルームの冬」とも呼ばれる。磯崎行雄氏による

起こしたのである。

火山の噴火に伴う異常気象は、最近では一九九一年のフィリピンのピナトゥボ火山などでも観測されている。しかし、二億五〇〇〇万年前の洪水玄武岩の噴火は、これらよりも何万倍も大きく、何億年ぶりの異変が発生したと考えられている。

生物が死滅した「超酸素欠乏事件」

二番目のイベントは、酸素の欠乏事件である。現在海にたくさんの生き物が生育しているのは、海水中に酸素が溶けているからである。ところが酸素濃度が極端に下がると、大量の生物が死滅するという現象が起きる。

古生代の終わりころに海にたまった地層を調べると、二〇〇〇万年もの長い間にわたって海水中の酸素が激減していた証拠が見つかった。海洋底のチャートと呼ばれる堆積《たいせき》岩《がん》に記録されていたのだ。

チャートは、海中に生育するプランクトンなどの微生物の死骸《しがい》が、ゆっくりと海底にたまってできる。この微生物のもつ二酸化珪素の殻《から》が、長い時間をかけて硬い岩石となるのである。通常見られるチャートは、酸素を含む海水中で形成され赤っぽい色をしている。これは赤色の酸化鉄がわずかに含まれているからである。釘《くぎ》が錆《さ》びると赤っぽくなるのと同じだ。

これに対して、古生代の終わりころのチャートは黒っぽい色をしている。これは水中の酸素が欠乏していたために、分解されなかった有機物の色が付いたものである。このように長期にわたって世界中の海で酸素が激減した現象は、この時期よりほかにはない。このイベントの解明には日本人研究者も寄与しており、「超酸素欠乏事件」と名づけられた。

超酸素欠乏事件が起きた原因は、先のホットプルームの活動と関連するとも考えられている。たとえば、大規模な火山活動によって大気中に放出された二酸化炭素が、温室効果によって気温の上昇を引き起こした。気温の上昇によって深海底に埋もれていたメタンハイドレートを溶かし、気体としてのメタンが大量に空中へ出ることになった。大量のメタンが燃えることによって大気中の酸素が減少し、多くの生物が絶滅したのだ。

また先ほども述べたように、空中にまき散らされた細かい火山灰によって太陽からの日射量が減った。この結果植物の光合成が激減し、大気中の酸素がさらに減ることとなったのである。

大量絶滅のシナリオを突き止める研究は始まったばかりであるが、日本の科学者が着着と成果を挙げつつある。地球と生命の歴史を左右した大変動について、現在も研究が続いているのである。

4―C　中生代末の恐竜の絶滅

絶滅の理由は隕石《いんせき》の衝突《しょうとつ》？

中生代に入ると、パンゲア超大陸の分裂にともなって大西洋などの海洋ができた。また大規模な火山活動によって、大気中の二酸化炭素の濃度が上昇した。温室の役割をした結果、中生代を通して温暖な気候が続いたのである（図4―6）。

中生代には爬虫類《はちゅうるい》の仲間から恐竜が誕生した。二億年前から中生代の終わり（すなわち新生代の直前）まで繁栄した大型動物である（図3―2参照）。ところが、その恐竜があるとき地球上から忽然《こつぜん》と姿を消してしまった。

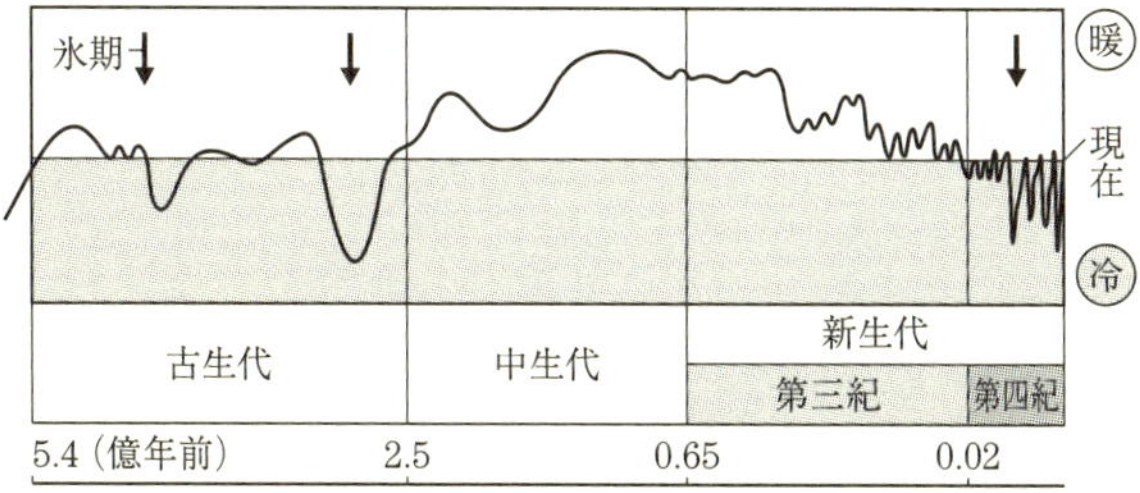

図4-6　地質時代の気温の変化。現代を基準にして温暖か寒冷かを示す。我々のいる新生代は、第三紀と第四紀に分けられており、後者には氷期がある。なお氷期は古生代にも知られている。三省堂発行『理科総合B』より。萩谷宏らによる

この原因についても数多くの説が出されている。最も話題になったのは、巨大隕石《いんせき》が地球に衝突《しょうとつ》したために絶滅したとする「地球外因説」である。

一九九一年に、メキシコのユカタン半島で、直径二〇〇キロメートルに及ぶ巨大なクレーターが埋もれていることが発見された（図4－7）。これが六五〇〇万年前の巨大隕石の衝突で生じたことがわかり、「外因説」の有力な証拠とされた。巨大隕石とは直径一〇キロメートルほどの小惑星《わくせい》で、太陽のまわりを周回（公転）しているものである（第6章参照）。

衝突によって生じたマイクロテクタイトと呼ばれるガラス状の微粒子が、六五〇〇万年前の地層から発見された。また、同じ地層に地球表層ではごくわずかしか存在しないイリジウム（Ir）などの珍しい元素が含

アメリカ
大西洋
メキシコ
ユカタン半島
太平洋
ベネズエラ
巨大隕石が衝突した3つの証拠
6500万年前の地層
クレーターの痕跡
隕石の衝突によってできた巨大な穴
マイクロテクタイト
隕石落下時の熱によって生じたガラス質の粒
イリジウム
隕石に多く含まれる元素

図4-7　中生代末の巨大隕石の衝突地点と地層から見つかった証拠

まれることがわかった。イリジウムは鉄と結びつきやすく、隕石の中により多く含まれる物質である。

衝突の激しい衝撃によって高温の爆風が発生し、地球上の至る所で大火災となった。その後、巻き上げられた細かいチリが太陽光線をさえぎり、気温は氷点下まで下がったと考えられている。気温の急激な変化が恐竜の絶滅につながったというわけだ。

地球の磁場《じば》が逆転すると？

一方の「内因説」についても説明

しよう。大規模な火山活動や磁場の逆転が、絶滅をうながしたとする考えだ。第3章（75ページ）で地球は強大な磁石であるという話をした。ここでいう磁場の逆転とは、地球をつくっている磁石の北（N）と南（S）が逆になるという事件である。

地球の歴史を見ると、磁場は数十万年に一度くらいの割合で逆転してきたことがわかっている。なお、磁場が逆転するといっても、地球の上下が逆さになるのではない。巨大な磁石としての地球のN極とS極だけがひっくりかえるのである。

実際には、コンパスのNが北を指す力が弱くなって、そのうち方向が定まらなくなる。しばらくたつと今度はコンパスのNが南を指すようになるのである。これが磁場の逆転という現象で、いちばん最近の逆転は今から七〇万年ほど前に起きた。

磁場の逆転が起きると、NからSに置き換《か》わるときに磁場がゼロになるという時期がある。期間にして千年ほどなのだが、この時に太陽から有害な宇宙線が降り注いでくるのである。

ハリウッド映画「ザ・コア」では、磁場がゼロになった時のニューヨークでオーロラが見られる、という場面が描かれていた。世界中で美しいオーロラが見られただろうが、地上の生命には一大事だったのである。

第3章(77ページ)では、二七億年ほど前に磁場が発生したおかげで生命が守られたことを述べたが、この防御壁《ぼうぎょへき》としての磁場が一時的になくなったのである。こうして磁場の逆転も恐竜の絶滅をうながした可能性があると考えられている。

恐竜の絶滅に関してはもう一つ説がある。大規模な火山活動によって大量の溶岩が洪水のようにあふれ出し、地球環境が激変したというのだ。第2章(50ページ)で述べたホットプルームによる巨大な火山活動である。しばしば恐竜の絵の背景には、噴火している火山が描かれる。まんざら場違《ばちが》いというわけでもないのである。

外因説も内因説も、裏づけとなる証拠立てに熱心だ。しかし、細かく検討してみると、互いに反論の余地があり、まだ決着をみていない。

その後、折衷案《せっちゅうあん》も現れている。中生代の末期、環境の変化によって既に衰退しかけていた恐竜に、隕石の衝突がとどめを刺《さ》した、という考えである。

近年、中国では、鳥とよく似た羽毛《うもう》のついた恐竜が見つかった。これにより、一部の恐竜は絶滅を逃《のが》れて鳥の祖先にもなったと考えられる。恐竜は、新しい化石が発見されるたびに、進化や生態についての考え方が変わる。その「目の離せなさ」が人気の秘密かもしれない。

大量絶滅は生物の進化をうながす

ここまで、地球環境の変化による大量絶滅についていくつか述べてきた。絶滅というとマイナスのイメージがあるかもしれないが、生物の進化にとっては欠かせない出来事なのである。

たとえば、中生代に大地を闊歩《かっぽ》していた恐竜が次々と姿を消したため、それまで小さくなっていた哺乳類《ほにゅうるい》などが、生活の場を獲得した。もし恐竜が新生代にまで生存していたら、その後の人類の発展はありえなかったのだ。

このことは時代をさかのぼっても成り立つことである。先に述べた古生代末の大絶滅のおかげで中生代の爬虫類《はちゅう》が進化し、恐竜の全盛期を迎えることができた。すなわち、地球上の生物の交代と進化という点で、大量絶滅には大きな意義がある。

地球史に見られる五回の大量絶滅（図4―4）には、必ず地球内部の変動（ホットプルーム)、もしくは外部からの働きかけ（隕石衝突）がある。こうした天変地異によっていったん地球環境は激変する。

しかし、海や大気におおわれた地球は回復力を持っているため、ある時間が経過したあとには、もとの穏やかな状態に戻ってゆく。この回復期間は決して短い時間ではない。古生代末の超酸素欠乏事件の場合には、二〇〇〇万年という気の遠くなるような長い時間がかかっている。ここを通過できた数少ない生物が、次の世界の覇者《はしゃ》ともなるのである。

短期間の大地変動による大量絶滅を免《まぬか》れ、長時間の回復期間を生き延《の》びるという二つの試練を乗り越えた生物が、現存している種の祖先なのだ。

こうした現象が繰《く》り返《かえ》して起きたことを考えると、生物の大量絶滅は将来もまた何回も起きるはずである。これによって生物の新陳代謝《しんちんたいしゃ》といってもよい進化が次々と行われ、次の地球環境に適応した生物のみが残るのである。

地質学の世界では「過去は未来を読み解く鍵《かぎ》である」と言われる。古生代・中生代に起こった生物の変遷《へんせん》からは、このような地球のダイナミックな姿が見えてくる。

第5章　大気と海洋の大循環

5―A　大気と気象の形成

大気を構成するものは何か?

毎日の晴れ、曇り、雨といったさまざまな気象や、寒帯から熱帯まで緯度の異なる各地点での変化に富んだ気候、また同じ地点でも一年を通しての四季の変化など、これらはすべて地球を取り巻く大気が作り出している。

とりわけ大気中の水分は雨や雪、台風などとも密接に関係している。この章では、地球上の大気がどのような構造をもって動いているか、またそれが何によって支配されているかを見ていこう。

大気のおよそ八割は窒素《ちっそ》、二割は酸素からできている。このほかに一パーセントくらいのアルゴンや〇・〇四パーセントというごく少量の二酸化炭素、それに一～三パーセントほどの水蒸気を含めて、大気を構成している。水蒸気と二酸化炭素は、割合からすると窒素や酸素に比べるとはるかに少ないが、地上の温度に及ぼす影響という意味ではかなり重要な働きをしている。これについてゆっくりと述べてみたい。

大気は層構造になっている

地表付近の大気には水分が多く含まれており、地上から上空に行くにつれて雲を作ったり、その雲から雨を降らせたりする。雲は水蒸気や細かい水滴からできており、できる高さは地上から十一キロメートルくらいまでである。

ここは空気が上下に対流しているため「対流圏《けん》」と呼ばれている（図5—1）。もし車で走ったとすればわずか一〇分で通過してしまう程度の厚さの大気の層ではあるが、このあいだで水分が水蒸気になって上昇したり雨になって降ったりしている。

対流圏では、上に行くほど気温が低くなる。山に登ると上へ行くほど寒くなってくることを経験したことはないだろうか。だいたい一〇〇メートル上がると〇・六五℃ずつ下がっていくのだ。

対流圏のもう一つの大きな特徴は、大気が水平方向に大循環《じゅんかん》していることである。たとえば、日本列島の上空ではたえず西からの強い横風が吹いている。これは「偏西風《へんせいふう》」と呼ばれるもので、雲の上を飛ぶジェット機は、時にはこの風の力を借りて飛んでいる。偏西風の特に強い部分が別名「ジェット気流」と呼ばれるゆえんである。

なお、日本やニュージーランドのような中緯度《いど》地域では西風(偏西風)が吹くが、赤道付近では東風になることが多く、「貿易風」と呼ばれている。これらは、地球が自転しているために生じる強い横風である。

次に、対流圏の高度十一キロメートルを超えると、まったく様子が異なっている。対流圏の上は「成層圏」と呼ばれており、高度にして五〇キロメートルくらいまで続いている。ここには水分がないので、対流圏とは動きが異なるのである。

成層圏の中には、空気の成分が少し違っている層もある。通常の酸素分子(O_2)にもう一つ酸素が付いたオゾン(O_3)という物質を多く含んでいるところで、「オゾン層」と呼ばれている。

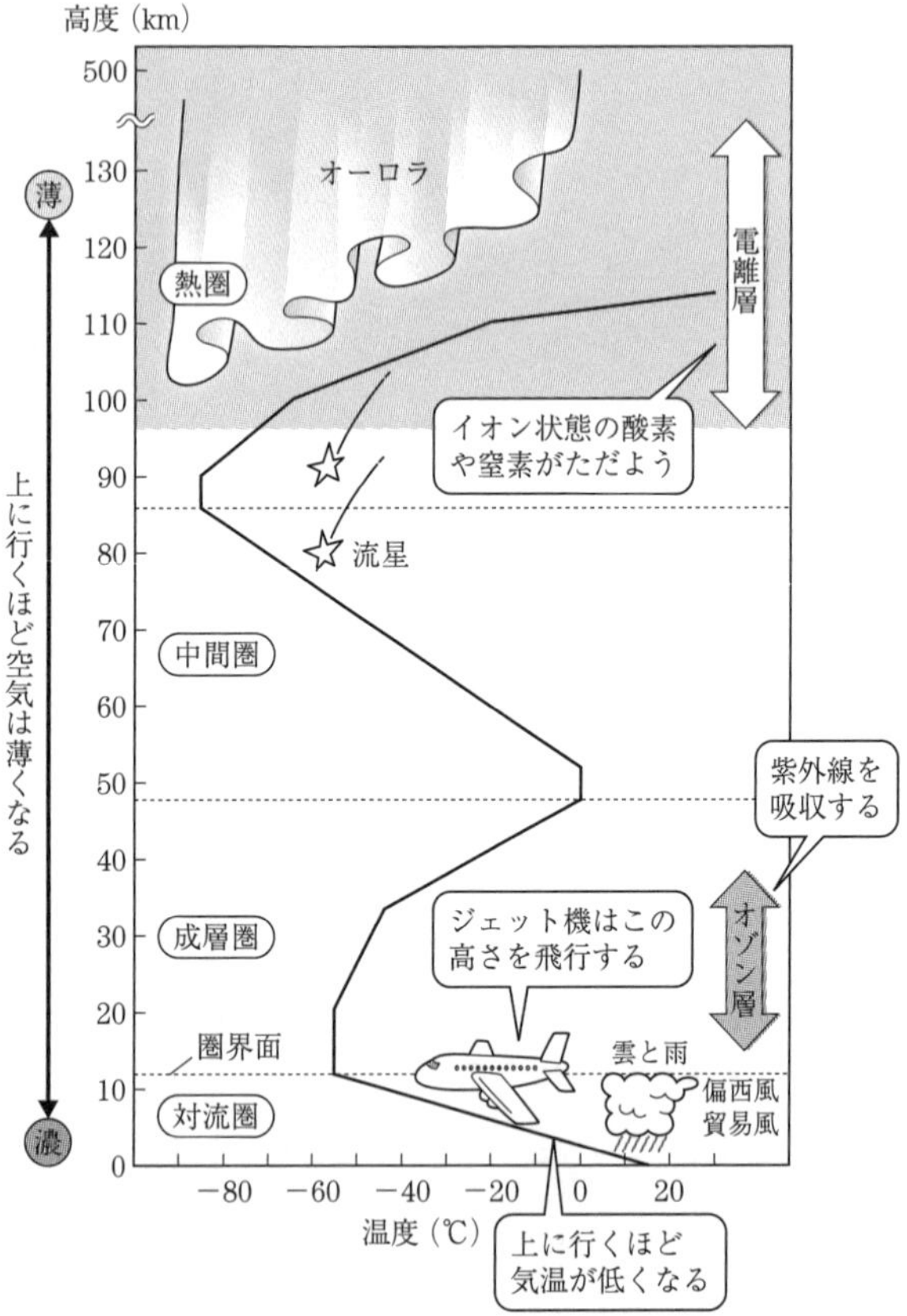

図5-1　大気の高さによる区分とその中で起きる現象。地上から500kmまでの様子を示す。対流圏と成層圏の間は圏界面と呼ばれ、この付近でジェット気流が吹く。ジェット気流は緯度によって偏西風や貿易風と呼ばれる。また地上から100kmほどの熱圏では、宇宙から飛んできたチリが燃えつきて流星となる

オゾン層は高度二〇〜三〇キロメートルの高さにあり、地上の生命にとっては欠くことのできない防御壁《ぼうぎょへき》である（第4章88ページ参照）。オゾンには、太陽から地球へたえず降りそそいでいる紫外線を吸収する働きがある。紫外線は生物が生きていく上で有害な電磁波《でんじは》だが、その大部分が成層圏の中にあるオゾン層でしっかりと吸収されるのである。三〇年ほど前から、このオゾン層が破壊されつつあることが問題になっている。オゾンは、冷蔵庫やスプレーで用いられるフロンガスからできる塩素原子によって分解される性質がある。

人類が使用したフロンガスが成層圏にまで上がっていった結果、生物にとって重要なオゾン層が薄くなってきたのである。最近では国際的な取り決めによってこのフロンガスを使うような製品を禁止しているが、薄くなったオゾン層はまだもとの状態には戻っていない。

成層圏の上には「中間圏」（高度五〇〜八〇キロメートル）と「熱圏」（八〇〜五〇〇キロメートル）がある。いずれも空気はどんどん薄くなってゆくのであるが、熱圏の中では電離《でんり》した（陽イオンと陰イオンに分かれた）酸素や窒素が密にただよっている層がある。

高度にして一〇〇~三〇〇キロメートルの場所で「電離層」と呼ばれている。

ここでは地上から来た電波を反射して地上へ返すという性質をもつので、これを通信に利用することができる。すなわち、地上から発射した電波を、電離層と地上の間で何回も反射させながら地球の反対側まで届けることができる。こうして日本でも遠く離れたヨーロッパや南米の短波放送を聴くことができるのである。

熱圏の上の方ではもうひとつ興味深い現象が起きている。北極や南極に近い高緯度地方では、夜空に美しいオーロラが発生する(図5—1)。これは太陽の表面から電気を帯びた大量の粒子が地球に降りそそいだときに起きる(第3章77ページ参照)。一〇〇~四〇〇キロメートルもの高さで発生する見事な〝天体〟ショーである。

ここまでの対流圏から成層圏、中間圏、熱圏までの大気の層を合わせて「大気圏」という。その上は「外気圏」と呼ばれ、宇宙と地球の境目のようなものである。

太陽エネルギーの恩恵

地球上で生命が維持できる要因の一つに、地球の温度がほぼ一定に保たれていること

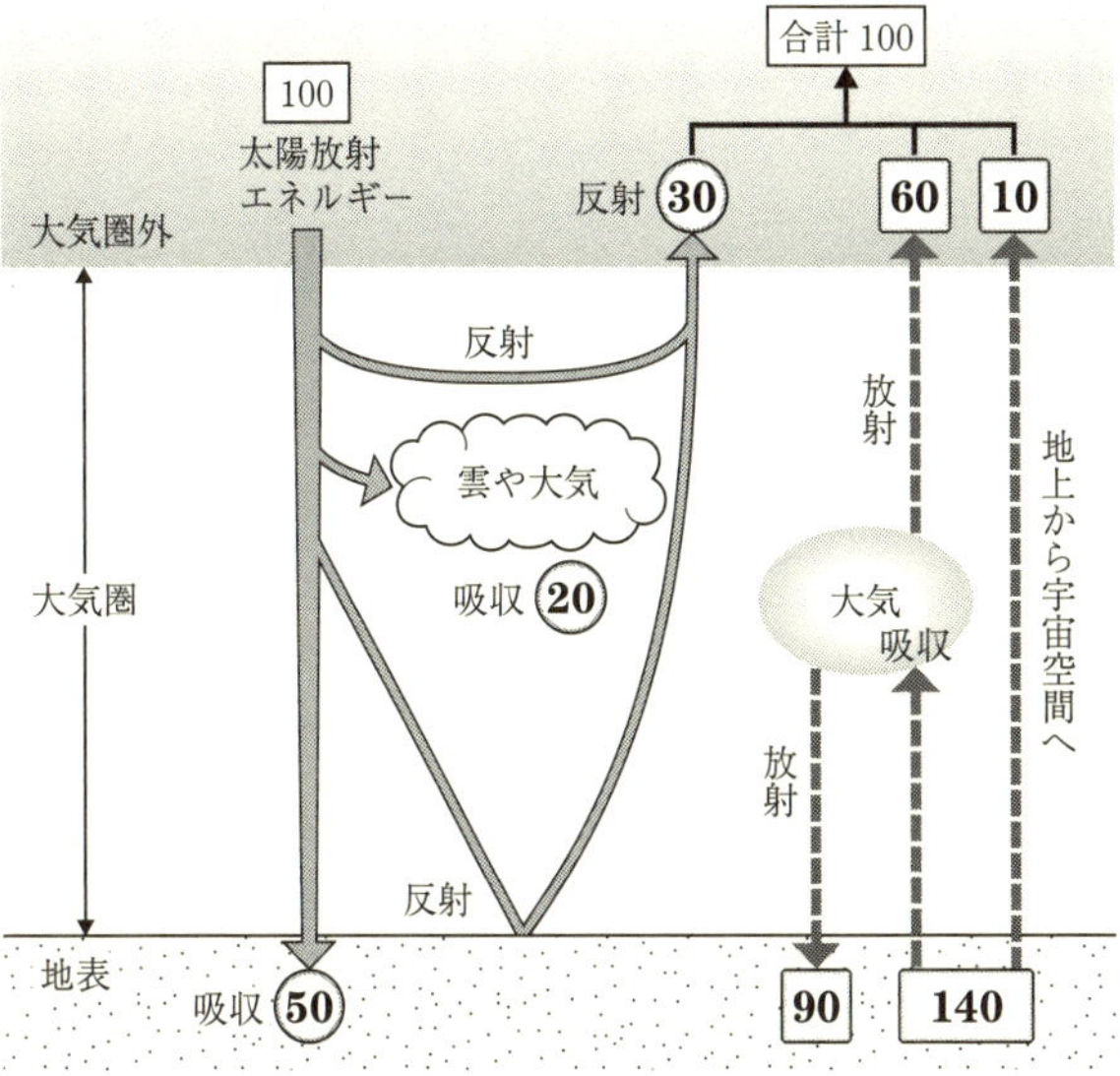

図5-2　太陽から地球に入ってくるエネルギーと宇宙空間に出ていくエネルギーの収支。熱収支とも呼ばれる。太陽放射エネルギーを100と表した場合に、吸収や反射・放射によって移動する熱の割合を数字で示した

がある。これは、太陽エネルギーを受けていることに由来する。地球の受け取る太陽放射エネルギーと地球から出ていくエネルギーがつり合っているからこそ、生命維持に最適の温度が保たれているのだ。

太陽からくる放射エネルギーの三割は、対流圏をただよう雲や地上で反射され、宇宙空間に消えてゆく（図5―2）。たとえば、ジェット機に乗ったときに窓か

ら見る雲が白く輝いているのは、太陽放射エネルギーを反射している姿である。

また、太陽放射エネルギーの二割は大気で吸収され、まわりの大気を暖める。そして太陽放射エネルギーの半分が地上まで到達し、地面を直接暖めることになる。すなわち、太陽から地球に入ってくるエネルギーの七割が、何らかの形で地球に留《とど》まるのである。

地球の熱収支

次に地上や大気から宇宙空間へ出て行くエネルギーについて見てみよう。先ほど述べたように、エネルギーの出入りはつり合っているので、太陽から地球に入ってくる放射エネルギーを100と表した場合に、最終的に出て行くエネルギーの合計も100になる。

このあいだで吸収や反射によって移動する熱の割合はかなりおもしろい。地球がいかに素晴らしいバランスで保たれているかをお見せしよう（図5－2）。それぞれの割合は、おおよその数値である。

大気から直接宇宙空間へ出て行くエネルギーは60であるが、地上から宇宙空間へ直接出るエネルギーは10である。先ほど述べた、対流圏の雲で反射され宇宙空間に戻るエネルギーが3割（＝30）ある。これらを足し合わせると、宇宙空間へ出て行くエネルギーは60＋10＋30で100となる。

すなわち、太陽からやってきたエネルギーは、大気や地表との間で複雑にエネルギーをやり取りしながら、結果として地球は一定の温度が保たれるようになる仕組みをもっているのである。

なお、太陽エネルギーは、地球上に起きるほとんどすべての活動の原動力となっている。たとえば、太陽の熱で暖められた結果、海から蒸発した水蒸気は雲となり、大気中を駆《か》けめぐって循環する。その途中で雨が陸地に降りそそぐと、川が地面を削《けず》る。太陽からくるエネルギーはまず気象をつかさどり、その気象は陸地の侵食《しんしょく》作用など地上で見られるさまざまな現象を引き起こす大元となっている。こうした中で、生命の維持に好都合な温度変化の少ない環境が、地表付近では実現しているのである。

大気の温室効果

対流圏の中にある大気には、水蒸気や二酸化炭素が含まれている。これらは地上から

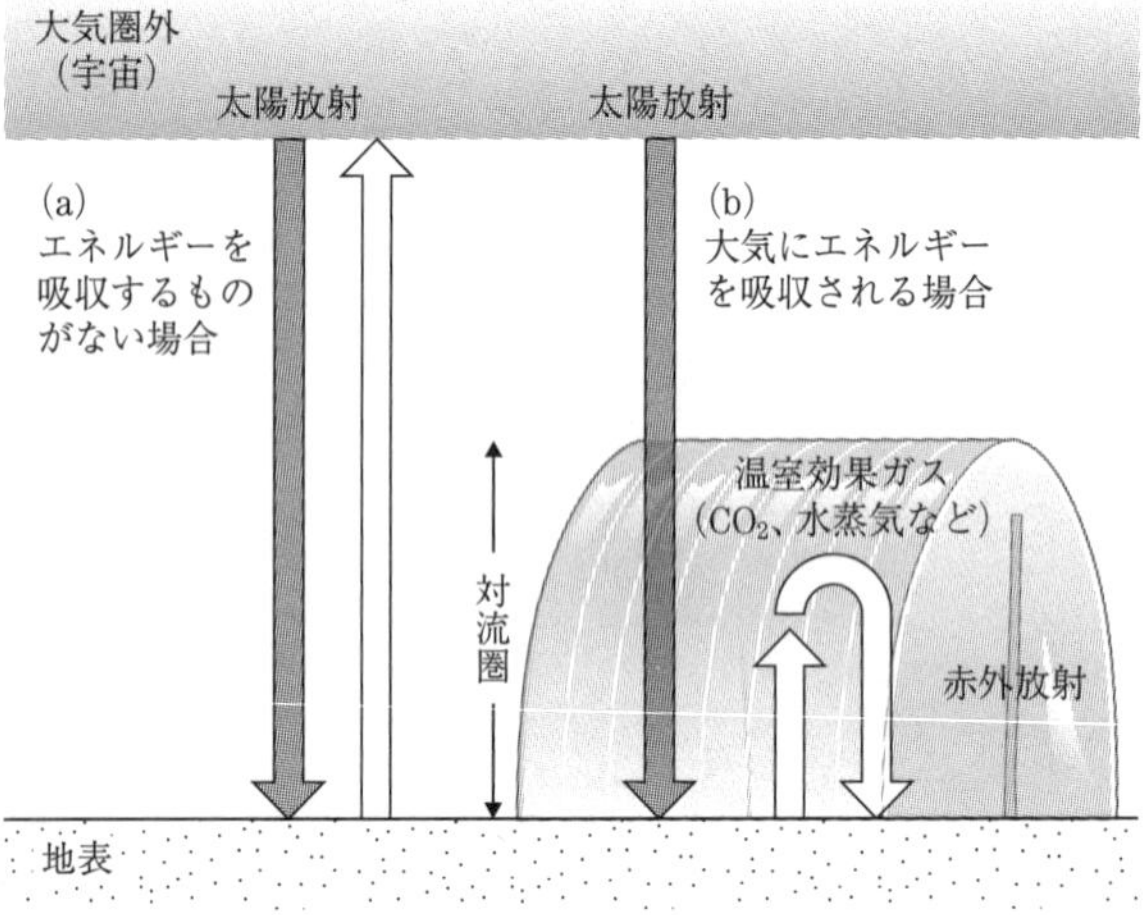
大気圏外
（宇宙）
太陽放射
太陽放射
(a)
エネルギーを吸収するものがない場合
(b)
大気にエネルギーを吸収される場合
温室効果ガス
（CO_2、水蒸気など）
対流圏
赤外放射
地表

図5-3　a：温室効果ガスがない場合には、太陽からきたエネルギーと同じ量のエネルギーが宇宙空間に逃げてゆく。／b：温室効果ガスが存在する場合には、大気中でエネルギーが吸収され、大気と地上を暖めることになる。大気は温度に応じて赤外線を放射して、吸収した熱を地表へ戻す。これを赤外放射という

放射されるエネルギーを吸収するという性質をもつ。したがって、大気中に水蒸気と二酸化炭素が多い場合には、太陽からきたエネルギーを宇宙空間に放出せずにため込んでしまうという現象が起きる。

いま地上と宇宙との間のエネルギーのやり取りを考えてみる。エネルギーを吸収するものがない場合には、太陽からきたエネルギーと宇宙へ出て行くエネルギーが等しくなっている（図5−3のa）。

一方で、地上と宇宙にサンドイッチされた対流圏の中でエネルギーを吸収するものがある場合には、地上から放射されるエネルギーがここで捕《と》らえられてしまう（図5―3のb）。このエネルギーは地上に向けて移動して（戻って）ゆくので、結果的に地上は暖まることになる。

このような現象は、植物を生育させる温室の原理と同じために「温室効果」と呼ばれている。大気の中でこうした働きをする水蒸気や二酸化炭素、メタンなどは、文字通り温室の働きをするため「温室効果ガス」と呼ばれている。とくに、人類が工業生産活動をはじめて以来、放出し続けている二酸化炭素が、地球温暖化の原因である可能性があるとして近年には問題視されている。

5―B　海洋の大循環と海流

深層水循環の真相！

地球の表面の七割は海である。海の水は舐《な》めたら塩辛《しおから》いが、この塩類が地球上の海水

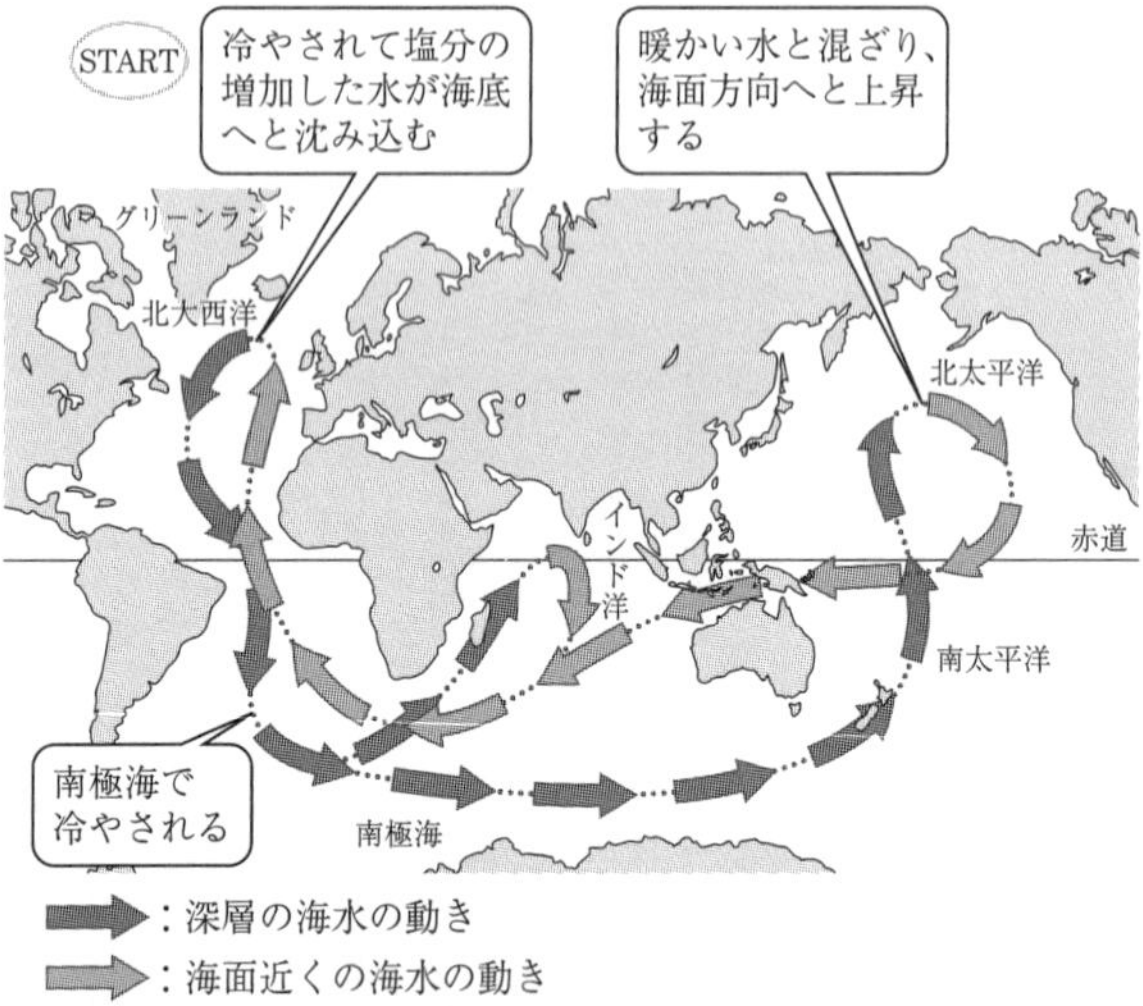
START
冷やされて塩分の
増加した水が海底
へと沈み込む
暖かい水と混ざり、
海面方向へと上昇
する
グリーンランド
北大西洋
北太平洋
インド洋
赤道
南太平洋
南極海で
冷やされる
南極海
：深層の海水の動き
：海面近くの海水の動き

図5-4　海の深層水が大循環するようす。第一学習社発行『高等学校地学Ｉ』より、一部改変

の運動に重要な役割をしている。

海水を一キログラム（＝一リットル）ほど鍋《なべ》に入れて煮《に》詰《つ》めると、三五グラムの塩分（塩類という）が採《と》れる。その中身は、八割ほどが塩化ナトリウム（すなわち食塩と同じもの）で、残りが塩化マグネシウム（にがりの成分）や硫酸マグネシウムなどである。

この塩類は地球上どこの海水から採っても同じ組成を示すので、海の水は長いあいだによくかき混ぜられていることを示している。

北極など極寒の地方では海の水が

凍《こお》る。この時に氷の中に塩類は入らないので、氷が大量にできると残りの海水中の塩類が濃くなってゆく。塩類が増加した水は密度が大きく重いので、海の底へと沈んでいく。沈んだ海水はゆっくりと海底を水平方向へと移動し始める。こうして深い海の中では海水の大きな流れが始まり、深層水の大循環へと拡《ひろ》がっていくのである（図5－4）。

気温の低い北大西洋で冷やされた水は、いったん海底に沈み込む。この深層の海水は南大西洋からアフリカの南を抜けて太平洋にまでやってくる。そして北太平洋でほどよく暖かい水と混ざり、ゆっくりと海面方向へと上昇するのである。

海面近くに上がってきた水は、赤道付近を西へと移動しインド洋を通過する。今度はアフリカ南端のやや浅い水域を抜けて、ふたたび北大西洋へと戻ってくる。これはアメリカの地球物理学者のブロッカーが明らかにしたもので、その形態からベルトコンベア・モデルとも呼ばれている。

このような深層水の大循環は、驚くなかれ一巡《いちじゅん》するのに二〇〇〇年ほどの時間をかけて起きている壮大な旅だ。しかし、私たち地球科学者からすれば、さほど珍しい時間スケールではないのだが。

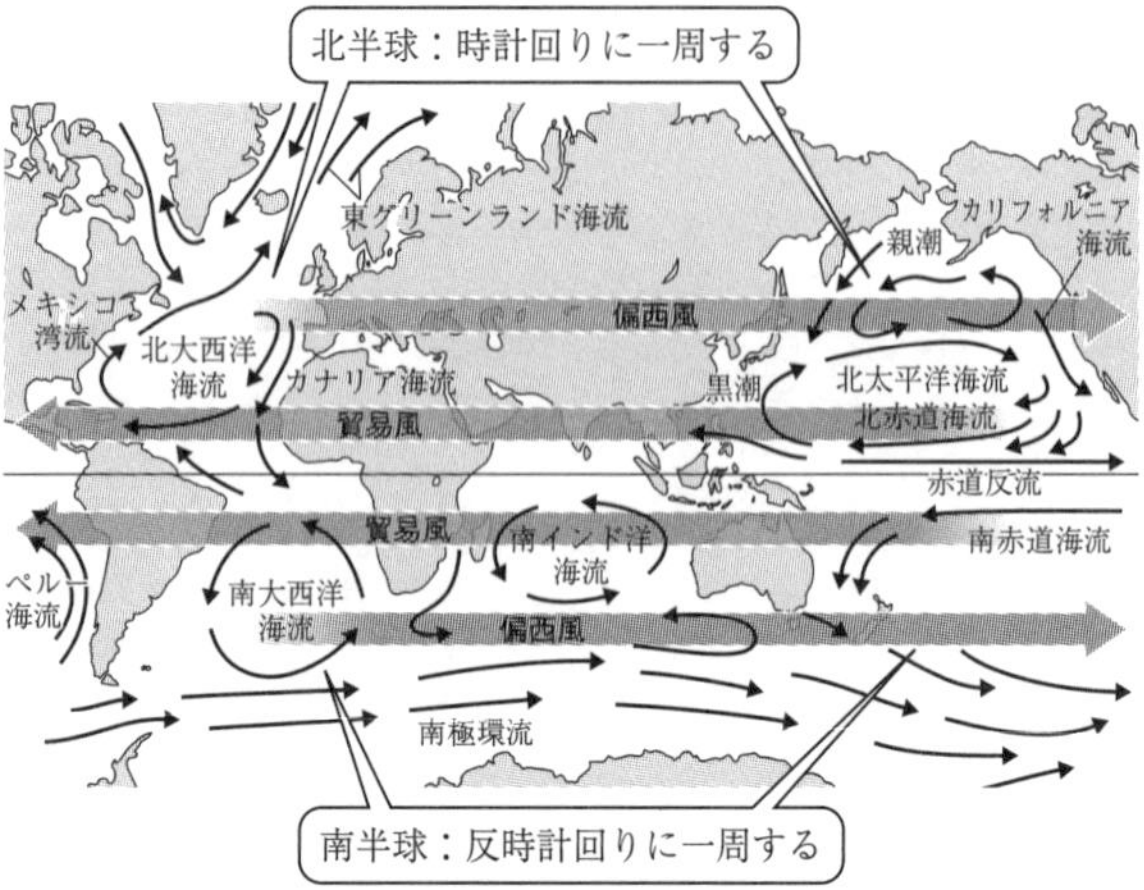
北半球：時計回りに一周する
東グリーンランド海流
カリフォルニア海流
親潮
メキシコ湾流
偏西風
北大西洋海流
カナリア海流
黒潮
北太平洋海流
北赤道海流
貿易風
赤道反流
貿易風
南インド洋海流
南赤道海流
ペルー海流
南大西洋海流
偏西風
南極環流
南半球：反時計回りに一周する

図5-5　海の表層で見られる海流の動き

海流と風の深い関係

これとは別に、海の表面近くでは海流が動いている（図5―5）。表層の海流は深層の大循環と比べるとはるかに速い。たとえば、日本の太平洋側には黒潮が流れているが、流速は毎秒二メートルもある。

　黒潮は北東に進んでから北太平洋海流に連なり、さらにカリフォルニア海流を経《へ》て北赤道海流へと変化してゆく。このように黒潮は、太平洋の北半分を時計回りに一周する巨大な海流の一部なのである。

　このような海流は上空を流れる風によって引き起こされる。日本列島の緯度では偏

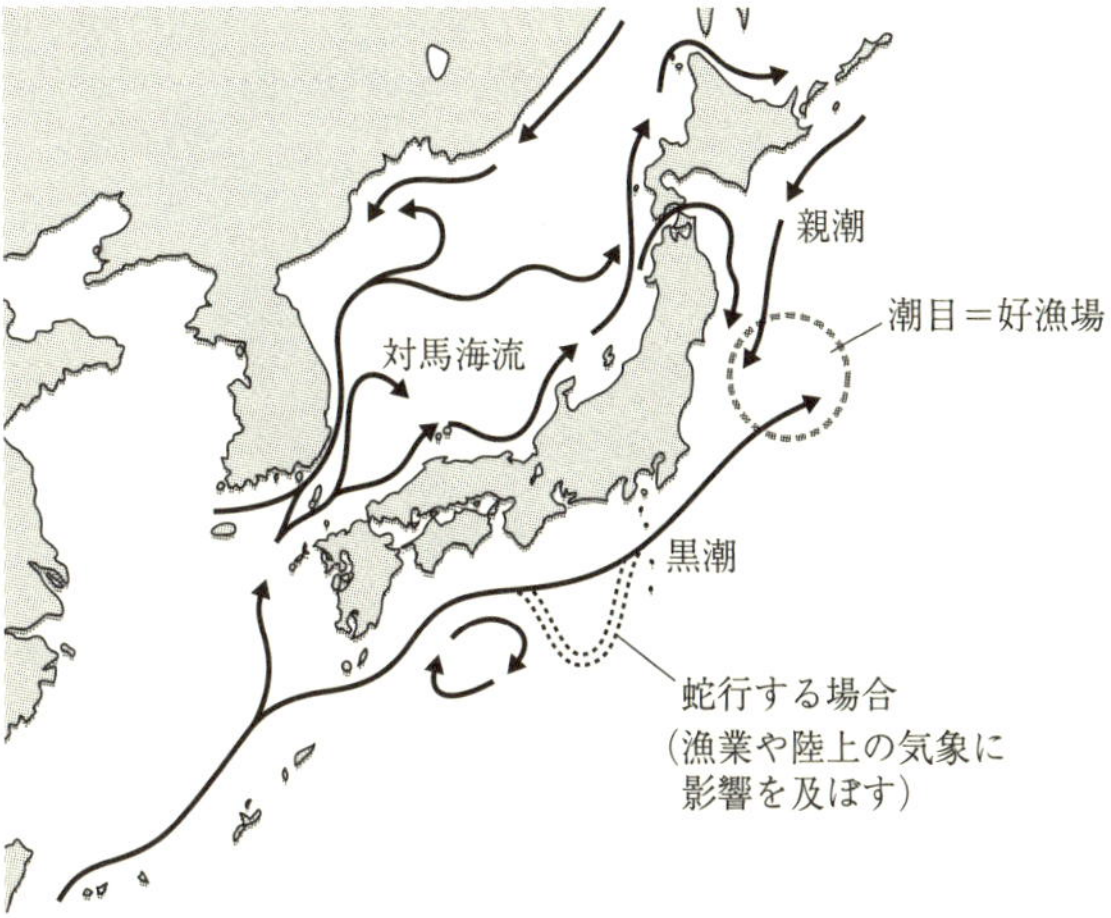

図5-6　日本列島付近の海流

西風が吹いており、黒潮が北太平洋海流となって東に流れるのを助けている（図5―5）。一方、カリフォルニア海流から北赤道海流となった流れは、今度は貿易風の助けを借りて西へ流れるのである。

以上は北半球の海流の動きであるが、南半球ではちょうど対称になるように、反時計回りに一周する巨大な海流ができている。

海流は一秒間に数十センチメートルも進む速度をもつ。かなり速い流れだが、中でも黒潮は一秒間に二メートルも進むもっとも速い海流である。

日本列島付近の海流には、南からくる

黒潮とこれが対馬《つしま》海峡へ分岐した対馬海流がある（図5―6）。黒潮は水温が二〇℃と暖かく、青よりも黒っぽい藍色《あいいろ》をしていることからその名が付いた。

一方で、日本列島の北方からは親潮がやってくる。親潮は黒潮よりも低温の海水で、栄養分がより多く溶け込んでおりプランクトンなどの微生物を多く含む。黒潮と親潮がぶつかる場所は潮目《しおめ》と呼ばれ、東北地方の三陸沖は好漁場として知られている。プランクトンをエサとする魚が集まってくるのである。

黒潮は紀伊半島沖で南にそれて蛇行《だこう》することがある。このような場合には、漁獲高だけでなくしばしば陸上の気象にも大きな影響を与える。

5―C　異常気象とエルニーニョ現象

どうなると「異常」なのか？

夏に猛暑が続いたり冬に大雪が降ったりすると、異常気象といわれることがある。気象は常に変動するものであるが、それを大きく逸《そ》れて、統計的に見てもめったに起こらない極端な現象を異常気象と言う。具体的には、長年気象観測を続けているある場所で、三〇年以上も起きなかった現象が発生したときに、異常気象と考える。

われわれは大雨が降っても寒波が来てもなんでも異常気象にしがちだが、これくらいの変動は、地球上で見られるごく普通の姿なのである。

風と漁業とエルニーニョ現象

日本で見られる冷夏や暖冬も異常気象と思われることがあるが、世界的な現象の一部であることもある。新聞やテレビでしばしば報道されるエルニーニョ（El Niño）現象である。

エルニーニョは、南米ペルー沖の太平洋の水温が上がることによって引き起こされる（カラー口絵⑥）。冬になると二一～五℃も海面の温度が上昇する年がある。

この海域では、通常の年には深海から低温の深層水がわき上がっている（図5－7・上）。この水にはリンや窒素などの塩類が溶け込んでおり、プランクトンが大量に発生する。これをエサに集まるカタクチイワシなどの世界的な漁場となっているのだ。

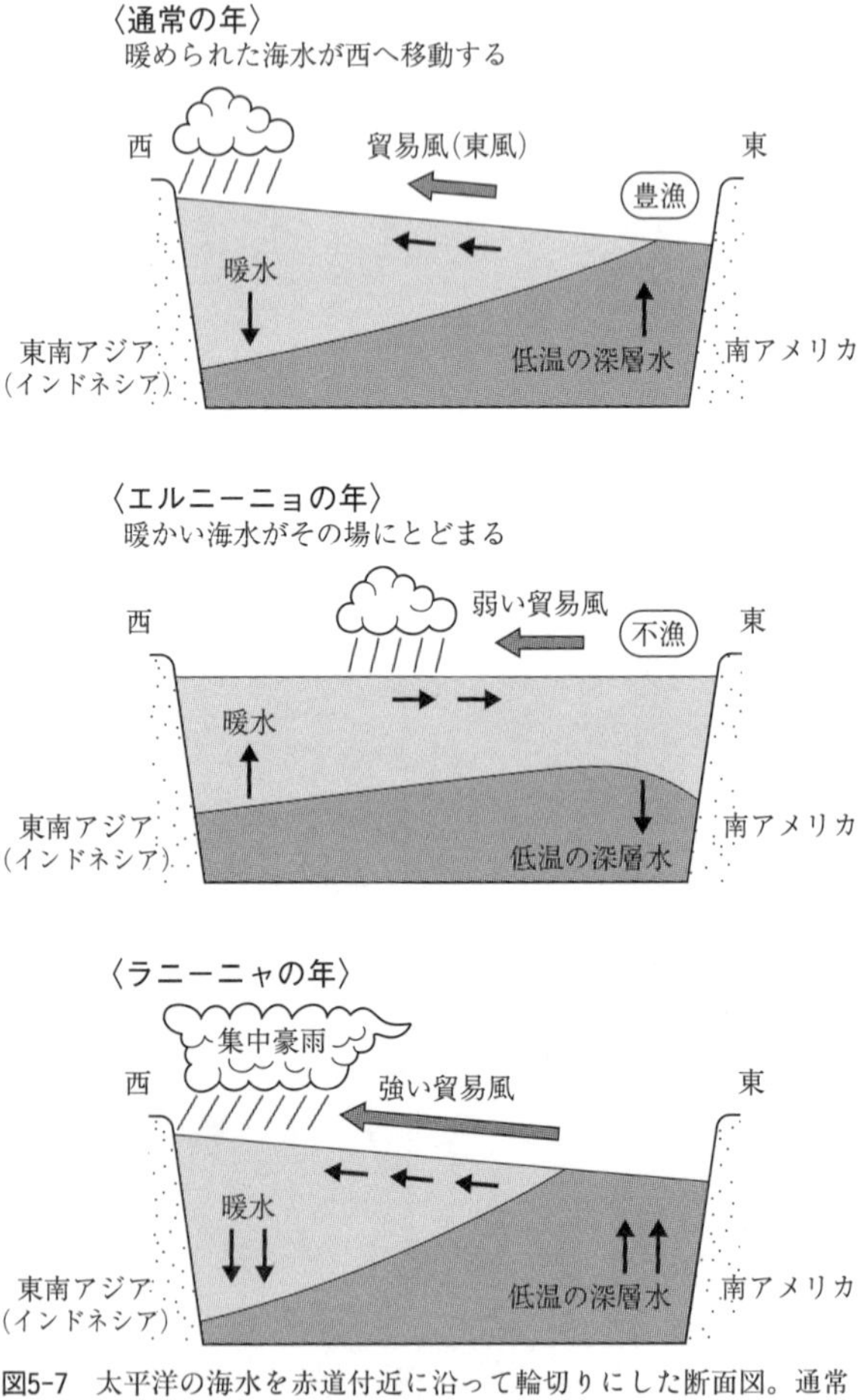
〈通常の年〉
暖められた海水が西へ移動する
西
貿易風(東風)
東
豊漁
暖水
東南アジア
(インドネシア)
低温の深層水
南アメリカ
〈エルニーニョの年〉
暖かい海水がその場にとどまる
弱い貿易風
西
不漁
東
暖水
東南アジア
(インドネシア)
低温の深層水
南アメリカ
〈ラニーニャの年〉
集中豪雨
西
強い貿易風
東
暖水
東南アジア
(インドネシア)
低温の深層水
南アメリカ

図5-7　太平洋の海水を赤道付近に沿って輪切りにした断面図。通常の年（上）、エルニーニョの年（中）、ラニーニャの年（下）のそれぞれの海水と大気の状況

ここで数年に一度、変化が起きる。栄養分に富む海水の湧《わ》き上《あ》がりが十二月ごろに止まって、魚が獲《と》れなくなる。ペルーの漁師たちはクリスマスに神さまが与えてくれた休みと考えて、この現象をエルニーニョ（スペイン語で「神の子」）と呼んだ。

海洋と大気は密接に関係しているので、ここで風が海に及ぼす影響を見てみよう。

エルニーニョのない通常の年は、赤道付近の太平洋では強い東風（貿易風）が吹いている（図5―7・上）。赤道付近で太陽の熱によって暖められた海水は、この東風に動かされて、西の方へ移ってゆく。この結果、南米ペルー沖では移動した海水と置き換《か》わるように、深部から低温で栄養分の多い海水が上昇してくる。これが先ほど述べた世界有数の漁場を成り立たせているのである。

一方で、エルニーニョの年には、いちじるしく貿易風が弱まっている（図5―7・中）。このため、海面近くの暖かい海水はその場所にとどまり、西へ移動することなくペルー沖にいつまでも居据《いす》わっている。この結果、海の水は暖かいままで、栄養分豊かな冷たい深層水の供給が停止してしまう。そして魚も集まらずに不漁《ふりよう》となるのである。

エルニーニョ現象の影響力は世界規模

ペルー沖で発生するエルニーニョは、全世界規模の気象変動と関連していることがわかってきた。エルニーニョが発生した年には、世界の各地で異常が見られたのである。たとえば、ヨーロッパでは強い寒波が来襲《らいしゅう》し、オーストラリアやアフリカで干ばつの被害が出る。一方、日本では梅雨《つゆ》が長引き、台風の数が少なくなり、冷夏にもなったりする。また次の冬は季節風が弱まって、暖冬になることが多い。

そこで、数年に一回ほど海水温が二~五℃くらい上昇する現象が、世界的にエルニーニョ現象と呼ばれるようになった（カラー口絵⑥）。

これまでエルニーニョ現象は三~五年おきに発生し、一年以上継続してきた。中でも一九八二―八三年と一九九七―九八年のエルニーニョ現象が顕著であった。これらの年には日本でも、冬が暖かく夏に冷害の被害が起きたのである。

一方で、エルニーニョとまったく反対に、東風である貿易風が平年よりも強まって起きる気象現象がある。これはラニーニャ（La Niña）と呼ばれるものであり、エルニーニョが「神の（男の）子」であったのに対して、スペイン語で「女の子」という意味である。ラニーニャが発生すると、日本の夏は平年よりも暑くなり、冬は寒くなる傾向がある。また東南アジアでは集中豪雨が起きたりする（図5―7・下）。

エルニーニョもラニーニャもともに、海洋と大気の変化が連動して起きる現象である。近年くわしい観測と解析が始まったばかりであり、原因と結果に関する因果関係にもわからない点がまだ多い。古いことわざではないが、「風が吹いたら桶屋《おけや》がもうかる」仕《し》組《く》みの解析が、世界最速の大型コンピュータを使って日進月歩の勢いで進んでいる。全地球規模での気象現象を最先端の研究テーマとして、世界の科学者たちがしのぎを削《けず》っているのだ。

とはいえ現在の気象学では、エルニーニョ、ラニーニャともに実体がやっとわかってきた程度である。これらの成り立ちのメカニズムまで詳細に解明されるのは、まだ先のことと思われる。

第6章　地球の外はどうなっているか——太陽系と地球

6―A　太陽系の惑星

太陽をめぐる惑星《わくせい》と微惑星と彗星《すいせい》

夜空の星をめぐる科学も地学である。宇宙の出来事と地球の出来事は無関係ではない。地球に存在する物質はもともと宇宙に存在したものの一部であり、宇宙の営みは地球の未来を予測する。ここからは、宇宙の歴史一三七億年の旅を案内しよう。最初は、私たちに身近な太陽から話を進めてみようと思う。

星にはみずから光を放つ恒星《こうせい》と、その恒星の周《まわ》りを回る惑星《わくせい》がある。そのほかに、小惑星や彗星《すいせい》といったものもある。

太陽は自分から光を発する恒星である。太陽系でみずから光を放つ星は、この太陽ひとつだけである。残りは大小さまざまの暗い星が太陽の周りを回るという形になっている。太陽に近い方では水星・金星や地球・火星などの惑星が周回している（図6―1）。

なお、金星・火星などの星が夜空で光って見えるのは、太陽の光を反射するからである。太陽以外の惑星は自分から光るエネルギーを持たない。そのほか夜空で光っている星の大部分は、太陽系の外にある遠く彼方《かなた》の恒星たちである。恒星の中には太陽のように惑星を伴《ともな》っている星もある。恒星など宇宙全体の星については第7章で述べよう。

さて、これらの比較的サイズが大きな惑星のほかにも、小惑星や彗星といった小さな星も太陽をまわっている。太陽系の小惑星は、火星の軌道と木星の軌道のあいだにあるおびただしい数の小さな天体である（図6―1）。惑星の大きさまで成長できなかった物質の名残《なごり》と考えられている。

また、彗星は「汚れた雪だるま」と言われるように、氷と岩石のチリでできている。彗星は水などの揮《き》発性《はっせい》の成分を含むために、太陽の熱で暖められるとガス状の尾をたなびかせる。この彗星からまき散らされたチリが地球の大気圏に飛び込むと、光を発しながら飛ぶ流星《りゅうせい》となる（図5―1参照）。

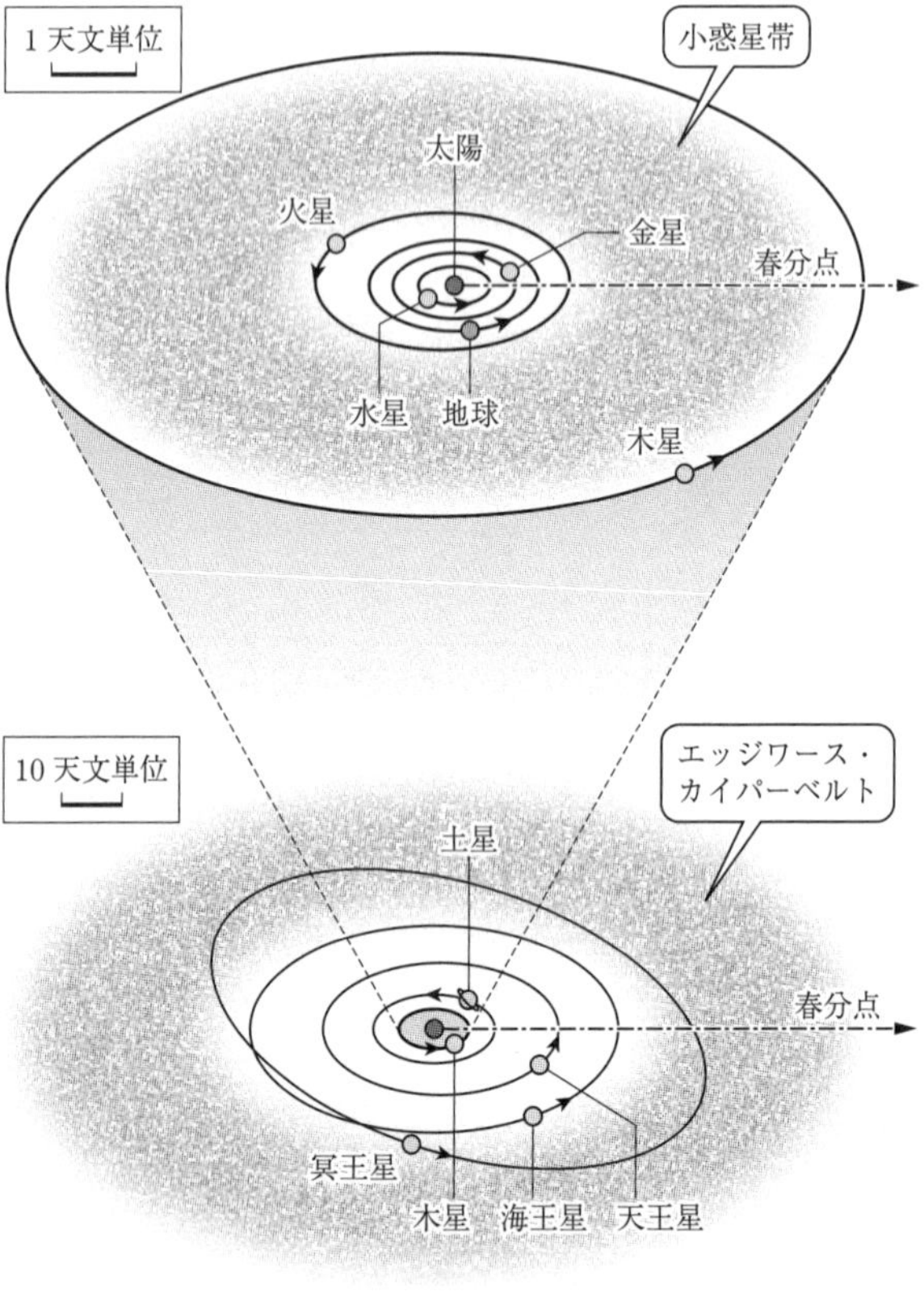

図6-1　太陽系をめぐる主な天体とその軌道。また、太陽系の惑星の周囲にひろがる小惑星帯とエッジワース・カイパーベルト。春分点を表す線は、春分に地球が通過する位置を示す。1天文単位は太陽と地球の間の平均距離のことである（朝日新聞2006年9月7日より）

太陽のまわりを惑星などが一周することを公転と言う。地球は三六五日をかけて太陽のまわりを公転している。八個の惑星はみな同じ方向に公転しており、その軌道もほぼ平面に近い。しかしそれ以外の小天体の軌道には、傾いているものもある。

なお、一周する日数は惑星ごとに異なり、地球より内側の水星は八八日くらいで、また外側の火星は六八六日くらいで一周している。だから、水星の一年は八八日、火星の一年は六八六日なのである。太陽系惑星のカレンダーはそれぞれ違うのだ。

さて、太陽のまわりを公転する地球は、一日をかけてみずからも自転している。惑星もすべて自転しているが、その回転する周期はまちまちである。実は、太陽自身も二五日ほどかけて自転している。これは太陽の表面にある黒点と呼ばれる黒いしみが、規則的に動いていることからわかる。

惑星の定義が変わった

さて、二〇〇六年の八月に太陽系の惑星のメンバーに大きな変更があった。太陽からもっとも遠い位置を回っていた冥王星《めいおうせい》が、惑星から外《はず》れてしまったのだ。

太陽系の惑星を語呂《ごろ》合わせで覚える仕方が昔からある。「水金地火木土天海冥《すいきんちかもくどてんかいめい》」という唱《とな》え方で、子供の頃から知っている人も多いだろう。

世界中の天文学者が何年もかけて議論した結果、太陽系の惑星と呼ぶための条件が決められた。これは以下の三つである。①太陽の周りを回っており、②自分の重力によってほぼ丸い球のような形をもち、③軌道の近くで際《きわ》だって目立つ独立した存在であること、となったのだ。

冥王星がなぜ惑星から外れてしまったのか、順に見ていくことにしよう。

冥王星はなぜ外されたのか?

条件の一つめ「太陽の周りを回っているかどうか」は、冥王星も満たしているので問題はない（図6—1）。

では、二番目の「球形」についてはどうか。惑星とは、今の形ができあがる最初の段階で、微惑星がたくさん衝突して成長したものである。ぶつかった微惑星は、重力の作用で押しつぶされていった。というのは、重力は中心へ中心へと物を引っ張るからだ。

その力で表面がならされてしまうことで、星は自《みず》ら球状になるのだ。ただし、ある程度の大きさがないと重力は弱いので、丸くはならない。

太陽の周りを回っている小さな星には、ジャガイモのようで球とは言いがたい形のものもあるが、冥王星はほぼ球形なので合格である。冥王星もある程度大きいので、自分のもつ重力によって丸くなったのである。

さて、いよいよ条件の三番目「軌道の近くで際《きわ》だつか」が来た。惑星は、自分の通り道の近くにある微惑星などを引き寄せて自らの一部とし、きれいに消し去らなければならない。いわば、軌道近くにある宇宙のゴミをきれいに掃《は》き寄せる、とも言えよう。ゴミ集めができるかどうかは、星の大きさによって決まる。大きい星ほど重力の力で強く引き寄せるからだ。

ところが、冥王星の周りには、氷でできたような星がたくさん浮いている。エッジワース・カイパーベルトと呼ばれるゾーンで、冥王星はここを横切っているのにきちんと掃除をしていない（図6―1）。ゴミを掃き寄せるほど際だって大きな天体ではなかったため、残念ながら三番目の条件から外れたというわけだ。

冥王星のように、三つの条件をすべて満たすことができなかった星は、準《じゅん》惑星と呼ばれることになった。惑星に準ずる星というわけである。これを受けて、世界中の学校の教科書がすべて書き換《か》えられたのである。

惑星の比較は未来の可能性を示す

このような変更が起きた背景には、近年望遠鏡が高性能になり、太陽系の中に冥王星と似た星がいくつも見つかってきたことがある。さらに観測技術が発達すれば、惑星が際限なく増える可能性が出てきたのだ。

ここにも科学のおもしろいところがある。技術の発達は、今まで見えなかった物を見えるようにしてくれる。同時に、見えてしまったばかりに、考えかたを変えなくてはならなくなるのだ。

たとえば、二〇〇五年にアメリカの天文学者は太陽系を回る新しい星（2003UB313・エリス）を発見し、「第10惑星」ではないかと発表した。また、火星と木星の間で太陽を回るケレス（セレスとも言う）なども惑星の候補とされ、冥王星だけを惑星として特

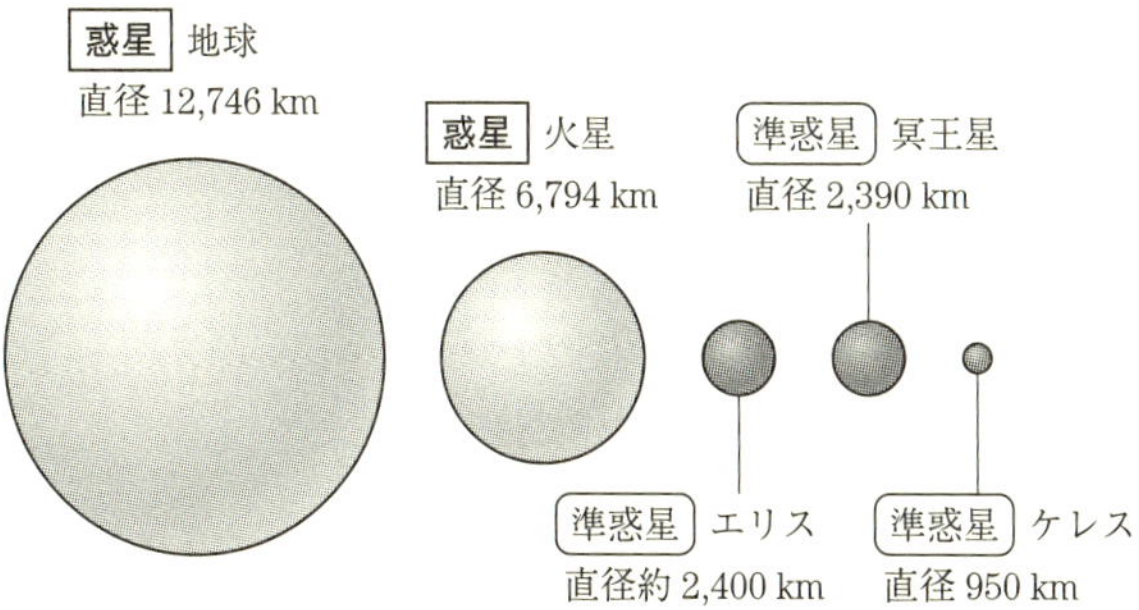
惑星 地球
直径 12,746 km
惑星 火星
直径 6,794 km
準惑星 冥王星
直径 2,390 km
準惑星 エリス
直径約 2,400 km
準惑星 ケレス
直径 950 km

図6-2 代表的な惑星と準惑星。エリス・冥王星・ケレスは準惑星となった

別扱いする理由がなくなってきた（図6―2）。

このような事態を受けて、国際天文学連合という星を研究する科学者の集まりが、長時間にわたる議論を行った結果、冥王星を惑星から除外することを決定したのである。

我々の住む地球を研究する分野には大きく二つある。地球そのものを扱う地球科学と、星を扱う天文学である。それぞれは別個に進展したのだが、今や地球科学と天文学の接点はホットな研究分野となり、二つを合わせた地球惑星科学や宇宙地球科学という専攻をもつ大学もある。太陽系を構成する惑星の比較は、特に重要な研究テーマなのだ。

一九三〇年に冥王星が発見されてから、現在も科学は進歩を続けている。さりとて、冥王星と名前をつけられる以前から冥王星はそこにあり、将来も太陽の周りを回り続けるだろう。人間が何と定義しようとも、まったく関係なしに自然はそこに存在するのだ。そのようなことを考えながら、時には夜空を見上げ遥《はる》かな惑星に想《おも》いをはせてみてはいかがだろうか。

6―B　太陽系の形成

惑星が生まれるとき

私たちの住む太陽系は、宇宙の中にぽつんと浮かんでいる。ここでは、その誕生のドラマをお見せしようと思う。今から五〇億年ほど前、宇宙空間にただよっていたガスが、ぐるぐると渦《うず》を巻いて集まり始めた。その円盤の中心に大きな塊《かたまり》ができ、原始の太陽となった（図6―3のa）。

やがて、中心から外れた場所でもガスとチリが集積し（図6―3のb）、細かい岩石の集まった微惑星が誕生した（図6―3のc）。惑星は、この微惑星がさらに互いに引き寄せられて大きく成長したものだ（図6―3のd）。こうして太陽系ができあがったのである。

ここに働いている力は引力である。全ての物質の間には必ず引き合う力が働くので、万有引力とも呼ばれる。万有引力は宇宙の空間であまねく成り立つから、宇宙空間の微惑星同士のあいだでも引っ張り合う力が必ず働く。

さて、原始太陽系では中心にある太陽が最大の質量と大きさを持つ塊だったが、それ以外にも質量の大きなものが集まって太陽を周回しはじめた。これが惑星であり、水星や金星そして我らが地球、また木星や土星が誕生した。今から四六億年ほど前のことである。

太陽に近い場所では、水星や地球などの岩石からなる惑星ができた（図6―3のf）。これに対して遠い場所では、氷やガスを主体とする木星・土星などの惑星となった（図6―3のe）。こうして現在見ているような太陽系が誕生したのである。太陽に近いほど密度の大きい惑星ができ、遠いほど密度の小さい惑星となったのである。

岩石からできた惑星は地球型惑星と呼ばれ、ガスや氷を主体とする惑星は木星型惑星と呼ばれる。両者には惑星内部の構造に大きな違いが見られる（図6―4）。

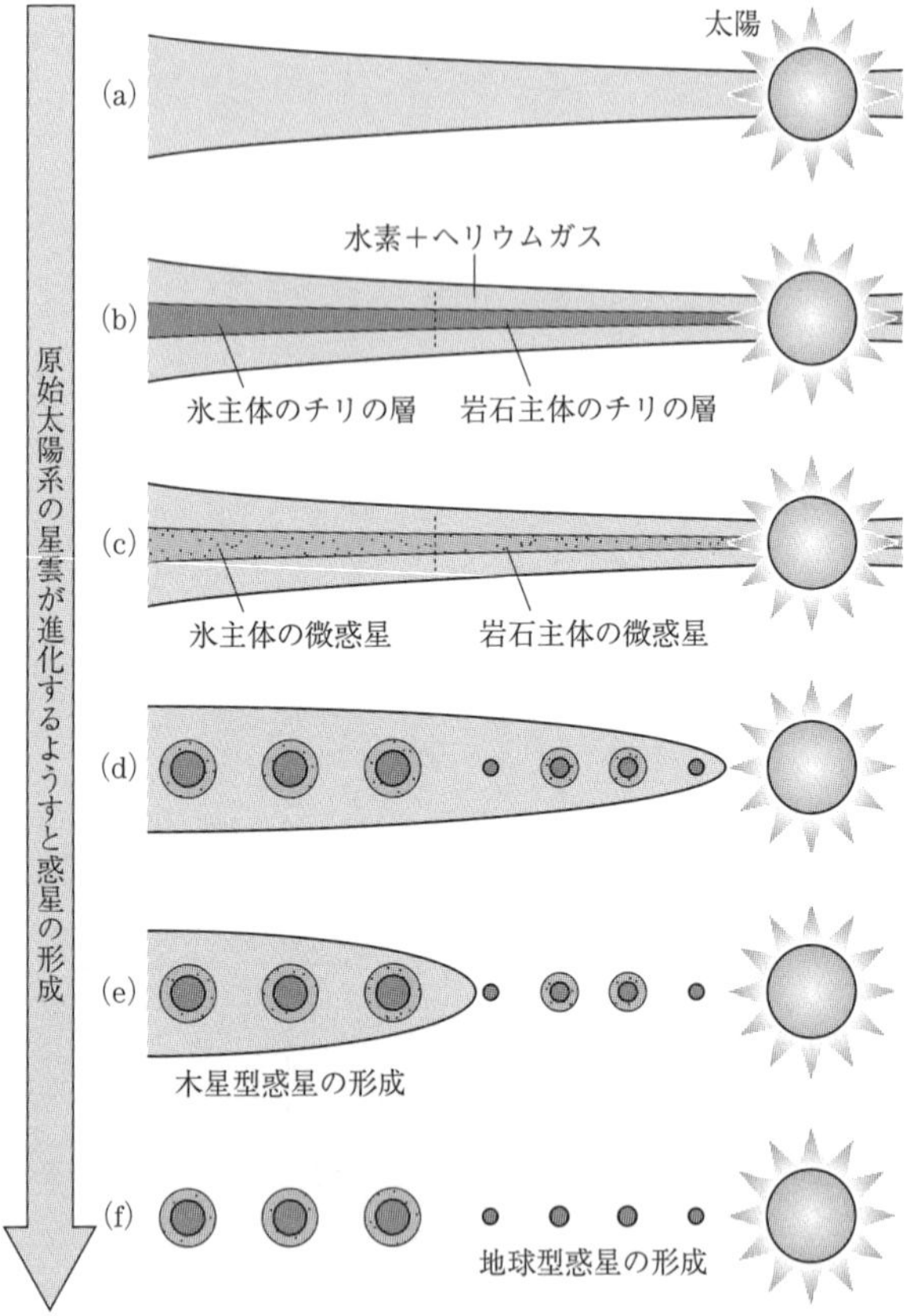

図6-3　原始太陽系から地球などの惑星が誕生する過程。松井孝典氏らによる

地球型惑星は密度が大きく、中心に鉄などの金属からできた核がある。核の中身は、星の大きさによって異なり、地球や金星などの大きな惑星では、固体の内核と液体の外核に分かれる。また、火星や水星などの小さな惑星では、固体の核だけからできている（図6―4）。

いずれも核のまわりには、岩石質の物質が層を成して取り巻いている。その大部分はマントルからなり、マントルの表層には薄い地殻《ちかく》がある（第2章44ページ参照）。

一方、木星型惑星は地球型惑星よりも半径が大きいが、密度はずっと小さい。これらは大部分が水素やヘリウムを主体とする軽い物質からできている。

たとえば、木星と土星の表面には縞模様《しまもよう》が見られるが、これは水素の大気中に生じた硫化水素アンモニウムの雲である。木星型惑星の内部には岩石や金属からなる核があり、そのまわりに金属性の水素と液体の水素が層構造をなしている（図6―4）。さらにいちばん表層は、気体の水素とヘリウムがおおっている。

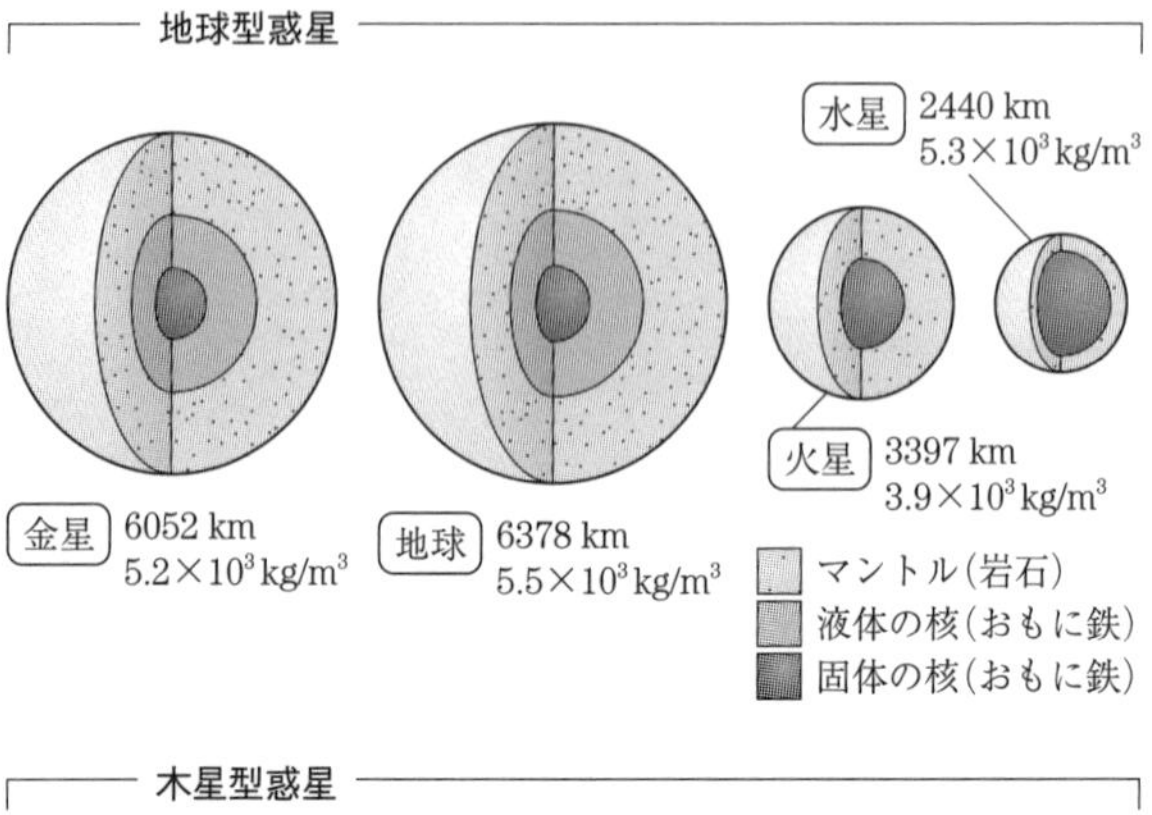

図6-4 地球型惑星と木星型惑星の内部構造の違い。数字は上が惑星の半径、下が密度を示す。実教出版発行『理科総合B新訂版』による

月は地球から飛び出た星?!

地球型惑星の代表である地球は、衛星としての月を持っている。衛星とは、惑星や準惑星のまわりを回る天体を言う。地球をまわる月は、地球誕生からそれほど遠くない時期に生じたと考えられている。四五億年ほど前に、原始の地球に巨大な隕石《いんせき》がぶつかって月が飛び出したというのである（図6―5）。

今の火星や月ほどの大きさの物体が地上へ衝突《しょうとつ》した結果、この時に飛び散ったかけらが、再び集まって現在の月になったのだ。地球から大きな塊が放り出されてから後一カ月から一年ほどの期間で、月が生じたと考えられている。この現象はコンピュータ上のシミュレーションでも再現されており、「ジャイアント・インパクト」と呼ばれている。

ところで、月は地球から飛び出してできた衛星なので、岩石の成分が地球とよく似ている。この月を構成する物質の分布は、現在の月の見えかたを決めているのである。

たとえば、地球上で満月を眺《なが》めるといつもお盆のように丸く光っているが、これには理由がある。月の表面は細かい石の粒でびっしりとおおわれている。これが太陽の光を乱反射するので、満月の端《はし》も中央と同じように光り輝くのである。

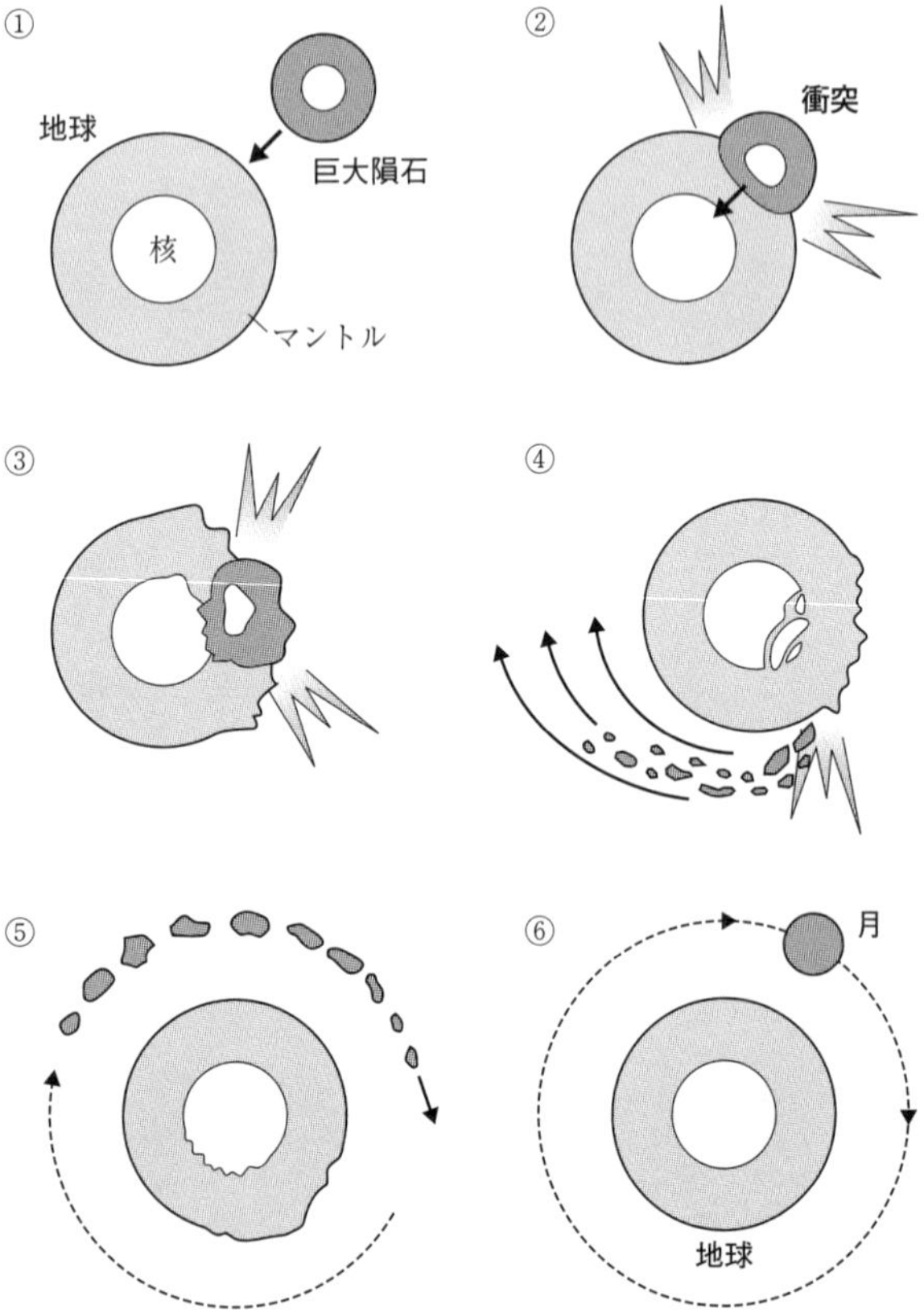

図6-5　ジャイアント・インパクトによって地球から月が誕生するモデル。デルセム氏らによる

また、月はいつも我々に表側だけを見せている。月の裏側はロケットを飛ばして出かけない限り、地球からは永久に見ることができないのである。その理由は、月の表側は裏側よりも少しだけ重くなっているからだ。

この重い部分が、地球からの引力によって引き寄せられるため、月はいつも重い表側だけを見せているというわけである。「君は僕から無理やり別れたのだから、せめていつも顔をこっちに向けてくれ」という地球の恋心とでも表現できようか。ジャイアント・インパクトによって形成された影響は、現在まで残っているのである。

6―C 地球の誕生

マグマ・オーシャンの時代を経て

月が飛び出した四五億年前以後も、原始地球の地上には微惑星が盛んに降りそそいでいた。宇宙をただよっている隕石《いんせき》や微惑星が、次々と地球に引き寄せられて衝突し地球と合体していったのだ。このときに莫大《ばくだい》な熱エネルギーが生じて、地球の表面は高温になった。一五〇〇〜四〇〇〇℃以上にもなったと考えられている。

この結果、地球の表面はどろどろに溶けた岩石、すなわちマグマでおおわれることになる。見渡す限りのマグマの厚さは、数百〜二〇〇〇キロメートルにも達したと推定されている。地球の直径のなんと三分の一近くまでが溶融《ようゆう》していたわけだ。

四五億〜四〇億年前までの数億年間の出来事だが、マグマが海のように地上を熱くおおったために、マグマ・オーシャンと呼ばれる（図6—6の①）。

マグマ・オーシャンは時間とともに徐々に冷えていったが、マグマ・オーシャンに含まれていた物質のうち、密度の大きい鉄やニッケルは下へ沈んでいった（図6—6の②）。

密度が大きいとは、同じ体積でも重いことを言う。たとえば、同じ部屋に人が入ったときに、より多く人が入っていることを意味する。また、鉄と比べると密度が小さい岩石の成分は、上へと昇《のぼ》っていった（原始マントル）。さらに、もっと密度が小さな水などの揮発性《きはっせい》成分は、上空の原始大気へと逃げていったのだ（脱ガス）。

マグマ・オーシャンの底にたまった鉄とニッケルは、あるとき一気に地球の中心へ向かい核を形成した（図6—6の③）。この際に中心へ移動した鉄の重力エネルギーが、熱エネルギーに変化し、核は非常に高温になった。

核は最初は液体であったが、冷えるにつれて中央に固体の内核が成長した。それをとりまく外核は液体のまま現在まで存続し、その中では鉄やニッケルの金属が対流している。これが地球の磁場《じば》を作っているのである（第3章75ページ参照）。

さて、マグマ・オーシャンの上部を構成する岩石成分は、冷えるにしたがってマントルと地殻へと分離していった（図6―6の④）。より重い成分がマントルとして残り、軽い成分がいちばん表層の地殻となったのである。また、マントル自体も、密度の小さい上部マントルと密度の大きい下部マントルの二層へと分かれていった。

地球を構成する物質の時間的変化をまとめると、図6―7のようになる。時間を縦軸に、上から下へと物質が複雑に分かれていくようすを見てみよう。

これまで述べたように、マグマ・オーシャンを構成する成分が、時間の経過につれて異なる物質へと分かれてゆくことを「分化《ぶんか》」という。すなわち、均質であった物質が時とともにさまざまに分離し、地球内部で層構造を持つようになる。この動きを決めているのは、物質の密度と化学組成である。

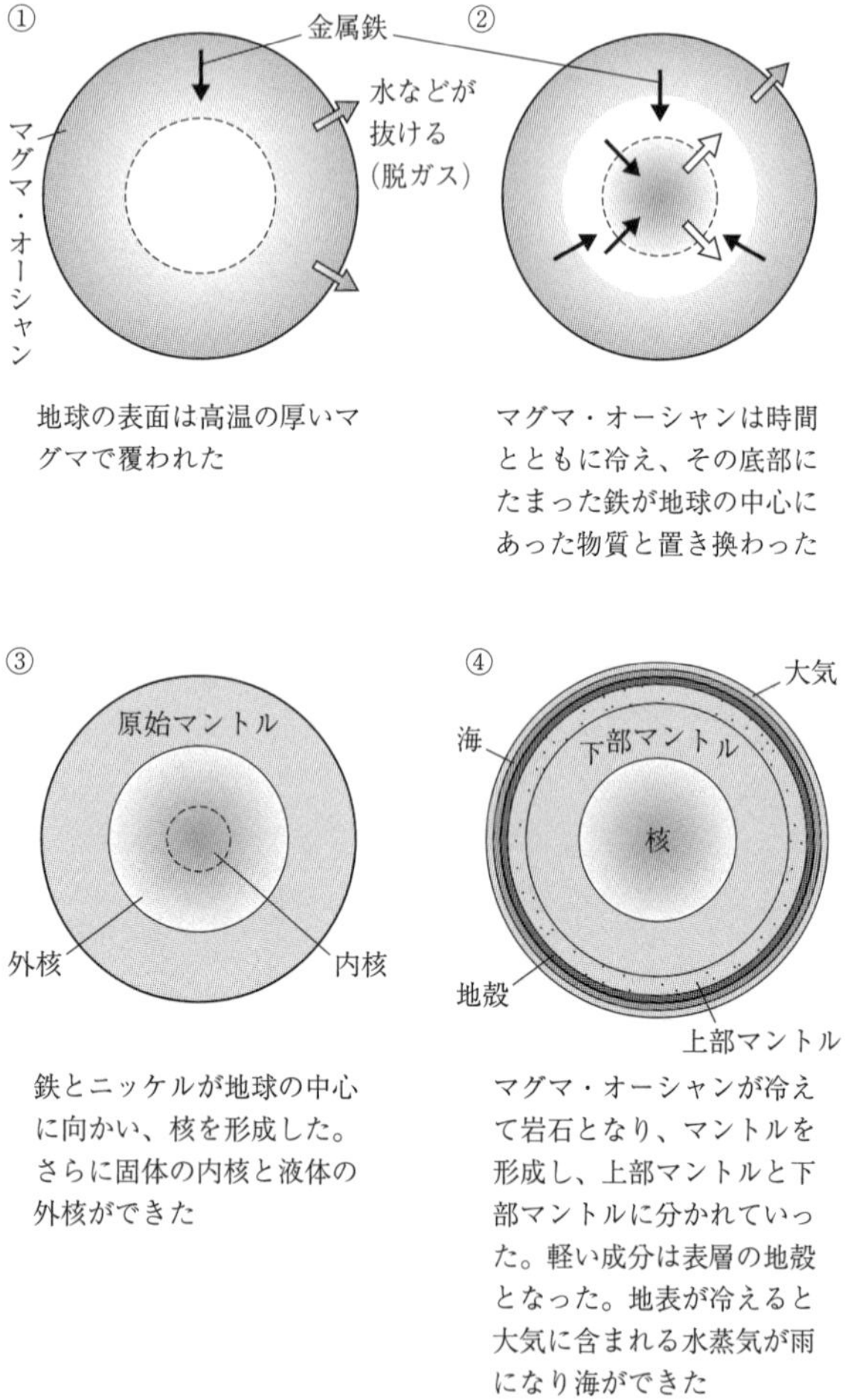
①
金属鉄
②
水などが
抜ける
(脱ガス)
マグマ・オーシャン
地球の表面は高温の厚いマグマで覆われた
マグマ・オーシャンは時間とともに冷え、その底部にたまった鉄が地球の中心にあった物質と置き換わった
③
原始マントル
外核
内核
鉄とニッケルが地球の中心に向かい、核を形成した。さらに固体の内核と液体の外核ができた
④
大気
海
下部マントル
核
地殻
上部マントル
マグマ・オーシャンが冷えて岩石となり、マントルを形成し、上部マントルと下部マントルに分かれていった。軽い成分は表層の地殻となった。地表が冷えると大気に含まれる水蒸気が雨になり海ができた

図6-6　マグマ・オーシャンが冷えるにつれて、核とマントルが分離する分化のプロセス。最後に地殻と大気と海も誕生する

このように、地球の歴史とは、構成物が分化する履歴《りれき》といっても良いのである。

生命の源、水をもたらした彗星

さて、地球に衝突してきたものには、氷と岩石のチリでできている彗星《すいせい》もあった。また、炭質物や水分に富む炭素質コンドライトと呼ばれる隕石も大量に衝突した。これらの物質の衝突によって、地球に大量の水がもたらされたのである。

高温の地球上では、その水が一気に蒸発し水蒸気が発生した。水蒸気を含む厚い原始大気が作られたのである。水蒸気は上空に至ると冷やされて雨雲ともなった。

当時の原始大気は、おもに二酸化炭素と水蒸気からできていた。ここに含まれていた大量の水蒸気は、雨となって地上へ降り注いだ。初めのうちは文字通り「焼け石に水」であった状況も、次第に変わっていった。この頃には、地表へ降りそそぐ微惑星の数が少なくなったため、地上の温度も下がってきた。

やがてマグマ・オーシャンは消滅し、固体の岩石からなる地表へと変貌《へんぼう》していったのである。その結果、現在と似たような大洋からなる原始海洋が誕生した（図6―7）。

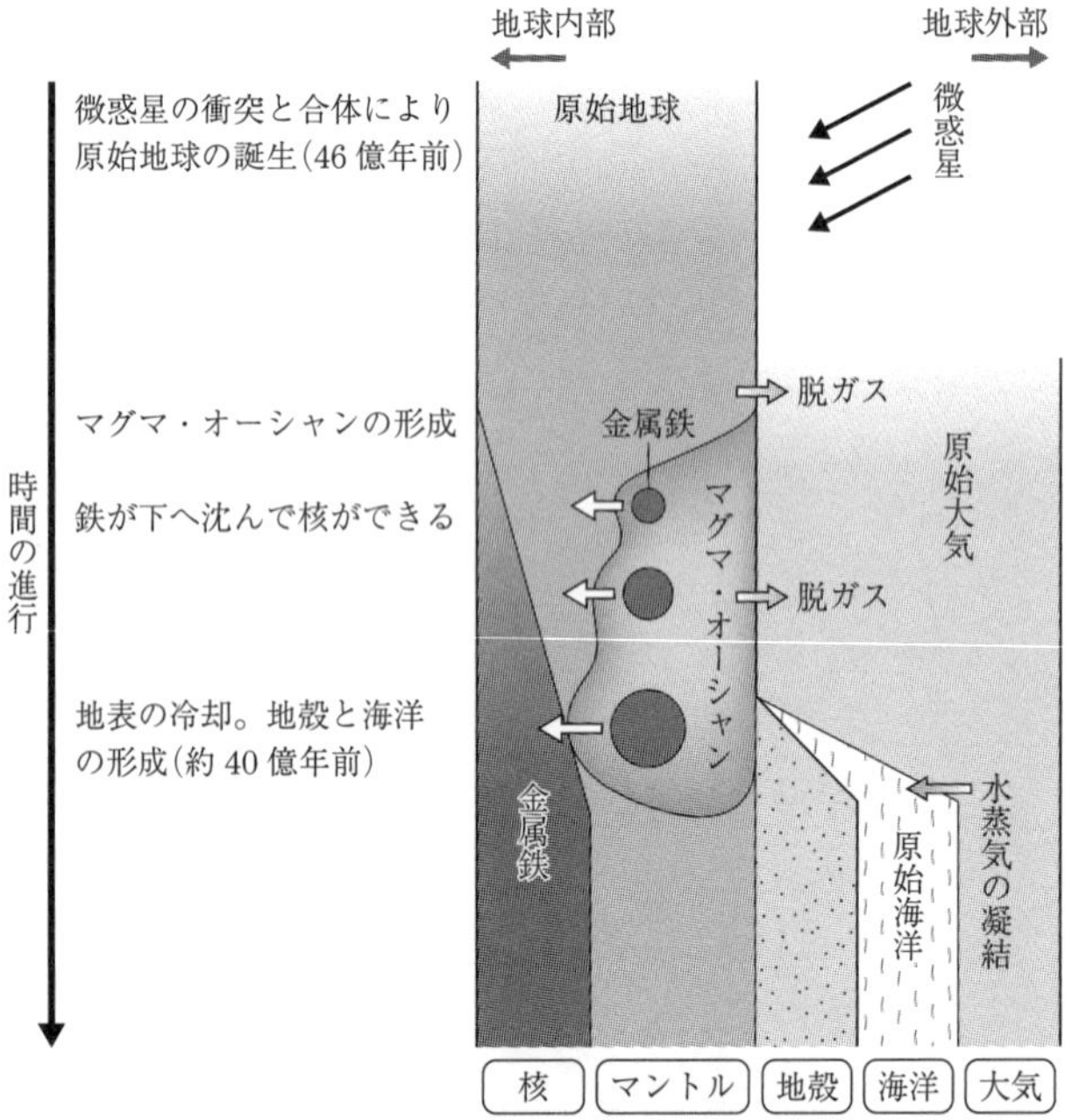

図6-7 原始地球の進化。微惑星の衝突後に未分化だった原始地球から原始大気と原始海洋が分かれ、さらに固体部分が核・マントル・地殻に分化してゆくようす

四〇億年前には、地球上で既に海があった証拠が見つかっている。原始海洋の水は高い温度で、かつ硫酸などの強酸が溶け込んでいた点が今の海とまったく異なる。また、原始海洋の温度は、一〇〇～二〇〇℃という高温であったと考えられている。

さらに、原始大気の気圧は一〇〇気圧以上もあり、今の海洋で言うと一〇〇〇メートル以上も潜《もぐ》った圧力である。このように海洋も大気も現在とはまったく違う世界だったのである。

一方で、原始大気に含まれていた大量の二酸化炭素は、時間とともに海水に溶け込んでいった。大気の中の二酸化炭素が徐々に減っていったのである。海が生まれると、大気を構成する物質自体も次第に変化していった。

海洋の誕生は地球の環境をさらに大きく変えていった。地表をおおう大量の水が、地上の温度変化を小さくする働きをしたからである。海の形成は、今から三八億年ほど前の生命誕生のきっかけともなり、我々まで続く生命史が始まることになる（図3―1参照）。

第7章　進化し続ける宇宙への探求

7—A　星の誕生と進化

ガスとチリから星は生まれる

晴れた日に夜空を見上げると満天の星がまたたいている。これらの星のひとつひとつがさまざまな履歴《りれき》を持っており、宇宙全体の歴史をきざんでいる。

星の大部分は恒星と呼ばれるもので、太陽と同じようにみずから光り輝いている星である。夜の星は冬空だとなお美しいものだが、太陽系の中心にある太陽も恒星である。

天球に見られるほとんどの恒星は、地球からはるかに遠い距離にあるため、ほとんど互いの位置を変えることがない。三〇〇〇年以上前のギリシャ時代から神々の姿を模《も》して星座が編《あ》まれ、その形を現在も見ることができるのも、このためである。

これらの恒星からやってくる可視光などの電磁波を解析して宇宙の成り立ちを研究する学問は、天文学または宇宙物理学と呼ばれる。数式と観測結果（電磁波の記録）の世界でもある。本章では、おびただしい数の恒星たちがどのような歴史をたどって誕生したのかを見てみよう。

宇宙空間には、恒星と恒星のあいだに希薄な星間《せいかん》物質がただよっている。星間物質には、星間ガスと星間塵《せいかんじん》と呼ばれるものがある。星間ガスは水素やヘリウムなどの気体だ。そして星間塵は岩石のかけらや氷などの非常に細かい粒子、いわばチリである。

宇宙とは何もない真空のような空間と思われがちだが、このような星間物質がわずかだけただよっている。といっても、一センチメートルのサイコロに水素原子が一個あるという程度である。これは、人間が実験室で作り出すことの可能な「真空」状態よりもはるかに希薄で、物質がほとんど存在しない状態なのである。

さて、星間物質は場所によって濃くなった場所があり、雲のような状態を作っている。これを星間雲《せいかんうん》という。星間雲の中には、水素（H_2）や一酸化炭素（CO）などの分子も存在することから、分子雲《うん》とも呼ばれている。

これらの星間雲は、近くに強い光を発する恒星があると、照らされて明るく輝く。散《さん》光星雲《こうせいうん》と呼ばれるもので、オリオン大星雲が有名である（カラー口絵⑦）。

これとは反対に、星間雲が後ろにある明るい恒星の光をさえぎると、暗黒星雲と呼ばれるものができる。ちょうど影絵のように面白い形が見られ、オリオン座ゼータ星近くにある馬頭《ばとう》星雲が有名である（カラー口絵⑧）。散光星雲か暗黒星雲かを意味するのは、要するに地球から見た時に星雲が光の前にあるのか後にあるかということだ。

さて、水素や一酸化炭素の入った分子雲の中では、さらに密度が高い場所で星間ガスが凝縮《ぎょうしゅく》し温度が高くなることがある。これによって星の「原石」としての原始星《げんしせい》ができるのである。

星が生まれると周囲のものを引き寄せる力が生じ、次々とまわりのものをより強く吸い寄せてゆく。第6章（135ページ）で述べた万有引力が働くのだ。そのあと、原始星は自分の重力によってしだいに収縮してゆく。縮まるとさらに内部の温度が上昇する。

そして、ある程度以上の温度になると、原始星の中では水素の核融合《かくゆうごう》が始まるのである。すなわち、今まさに太陽の内部で起きている現象である。こうなると原始星は、自分から光を発するようになる。こうして新たな恒星が誕生する。

このような状態になった星は、「主系列星《しゅけいれつ》」と呼ばれる。恒星の中でも主流に属する星なので、主系列星という名前が付けられている。

主系列星は内部が安定しており、非常に長い寿命をもつ。たとえば、われわれの太陽も主系列星であるが、一〇〇億年ものあいだ輝き続けている。

恒星の進化を知るには

恒星を研究する際にたいへん便利な図がある。デンマークの天文学者ヘルツシュプルング（Hertzsprung　一八七三―一九六七）とアメリカの天文学者ラッセル（Russell　一八七七―一九五七）によって独自に提案された図で、彼らの頭文字をとってHR《エイチアール》図と呼ばれる（**カラー口絵⑨**）。

ところで、地学は多くの図を使って理解する。図は非常に便利なものであり、私たち科学者や理科が好きな人にとっては、全体のイメージをつかむのに重宝している。

余談だが、もともと理系の人間は面倒《めんどう》くさがりなので、いちいち文章を追って理解するよりも、全体を手っ取り早く、一目瞭然《りょうぜん》に近い状態で把握したいと思っている。ここで図の出番となるのだ。

一つの図にたくさんの情報が入っていると私たち科学者は嬉《うれ》しくなる。時間が短縮され、とてもお得《とく》な感がある。そんなわけで、さっそくこのHR図を使いながら便利なイメージ理解の世界へとご案内しよう。

HR図は、縦軸と横軸の座標で構成されている。図を簡単に読み解くための最初のツボは、この縦と横の軸が何を表しているかを見ること。温度なのか、深さなのか、明るさなのか、何を示す量なのかをチェックしよう。

次のポイントは、美しい絵画を眺《なが》めるように全体のイメージを見ることである。「おや、たくさんの点が集まっている」とか「何となく右下がりだ」とか、「三つのグループに分かれている」などなど。では、こうして**カラー口絵⑨**のHR図を見てみよう。

ここでは横軸に星の表面温度、また縦軸に星の明るさをとっている。この図には太陽から比較的近い恒星が並べてある。

ＨＲ図で恒星を分類

こうすると、恒星は大きく三つの場所に分類されるのがわかる。図を見てみよう。青く示された左上から右下までたくさん並んだ星たちがある。次に、橙色《だいだい》で示された右上に固まっている星たちもある。

最後に黒い点で示された左下に集まっている星たちがある。ここまでを第一印象で判断し、あとはゆっくり考え出すのである。

左上から右下までたくさん並んでいる星は、こういう意味になる。まず左上の星は、**カラー口絵⑨**の横軸と縦軸に表わした性質で読み解くと、表面温度が高くて明るい星である。イメージとしては、我々が見ている太陽のようなものである。表面は六〇〇〇℃を超える高温で明るく輝いているのである。

一方、右下の星は表面温度が低くて暗い星である。表面が高温ではないから、明るく輝くこともない。こうした姿は、我々の感覚とそれほど異なるものではないだろう。こうした「何だ、当たり前ではないか」という感覚を疎《おろそ》かにしてはいけない。そう考えることで、次に当たり前でないものに気づくことができるからである。

さて、左上から右下まで並んだ星は、主系列星である。恒星の一生の中でももっとも長い時間をここで過ごす。

太陽も主系列星の領域に入っているが、実は太陽は上方のいちばん明るく輝く星ではなく中ほどに位置している（**カラー口絵⑨**）。すなわち、恒星の中には、我々を日々まぶしく照らしている太陽よりももっと明るく輝いている星が、半分以上はあるということなのである。

さて、次に、赤と橙で示した右上に固まっている星たちについてだが、これらは表面温度が低いのに明るいという星である。この星を理解するにはもう一つの情報を用いると良い。

カラー口絵⑨には破線を四本書き込んである。これは星の大きさを表す線なのだが、太陽の半径を一としたときのそれぞれの半径を数字で表している。破線には〇・一、一、一〇、一〇〇と数字が付けられているが、図の下から上へ向けて大きくなることを示している。

この破線の情報を見ると、右上に固まっている星たちは太陽よりも百倍も大きい巨大

な星であることがわかる。しかもこれらは表面温度が低いため赤く光ることから、「赤色巨星」と呼ばれている

最後に、左下に集まっている星たちである。表面温度が高くて暗い星であるが、先ほどの星の大きさから見ると、太陽の一〇分の一よりも小さな星であることがわかる。これらは白く輝いていることから「白色矮星《わいせい》」と呼ばれる。なお、矮星とは小さな星という意味である。

太陽の一生が見える

ここまで星の分類が終わったところで、もう一つ別の図を使って恒星の進化について見てみよう。最初に、我々の太陽の一生の道すじをたどってみる。

太陽は今から五〇億年ほど前に原始星として誕生した。そのあと輝きを増し、現在では主系列星に入っている（図7―1）。

では、太陽はこれからどうなるのであろうか。現在の太陽の内部では水素の核融合が進んでヘリウムが増えている。ヘリウムは水素よりも重いので、太陽の中心に集まって

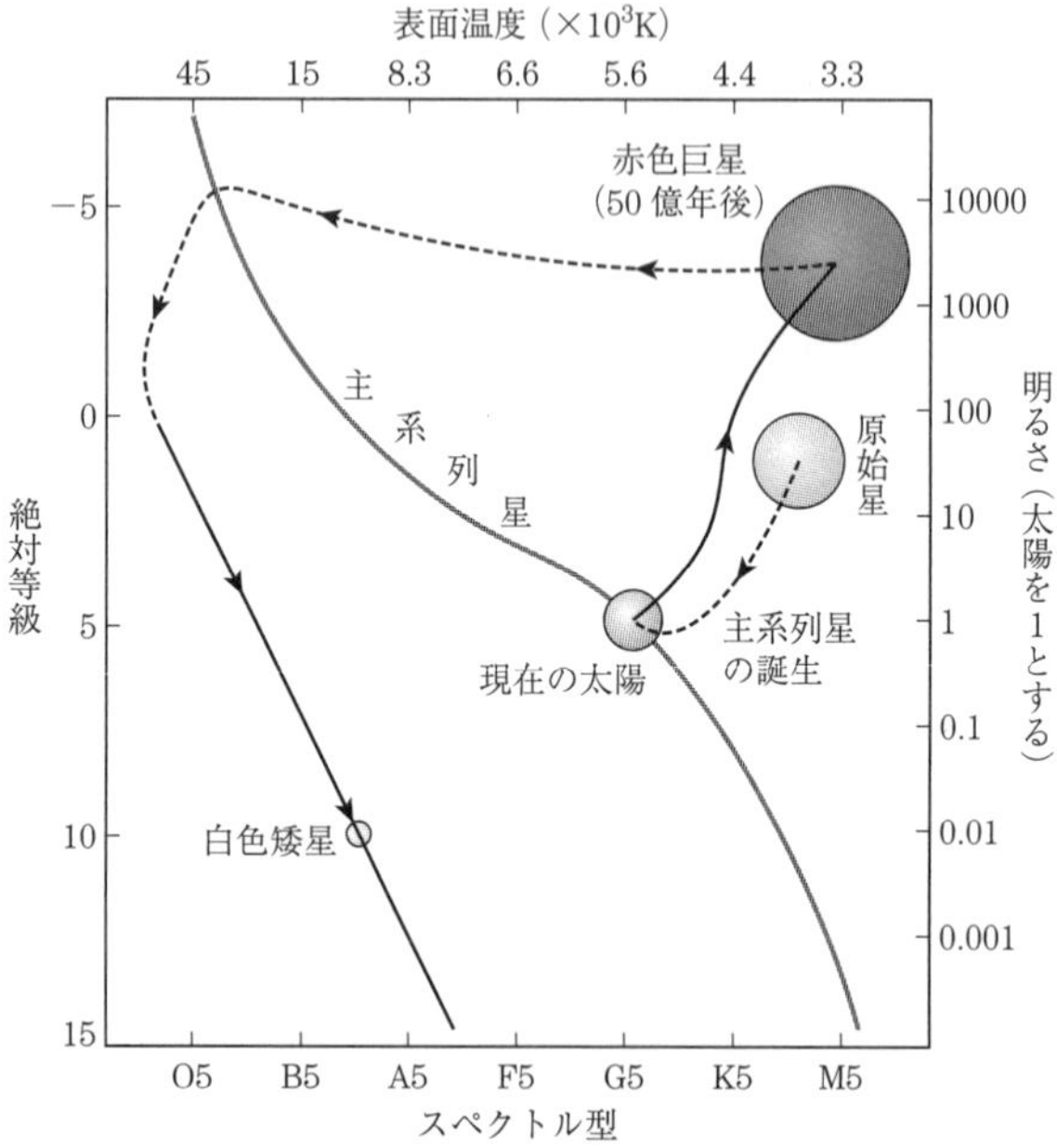

図7-1　明るさと表面温度の図でたどる太陽の一生の道すじ。原始星、主系列星（現在の太陽）、赤色巨星、白色矮星と進化をたどる。数研出版発行『改訂版高等学校地学Ⅰ　地球と宇宙』より、一部改変

くる。これとともに中心部が収縮《しゅうしゅく》するため温度が上がり、その外側の水素が燃焼する。こうした現象によって水素は外側に押しやられ、しだいに膨張《ぼうちょう》し始めて赤色巨星となるのである。

こうなると、太陽は主系列星からそれはじめ、図7—1では右上に移動してゆく。つまり、サイズが極端に大

きくなっていくのだ。赤色巨星は太陽よりも表面温度が低いので赤く見えるのだが、表面積が大きいため太陽よりも明るくなっている。今から五〇億年ほど先に起きる話である。

なお、赤色巨星になると、太陽の半径がどんどん大きくなっていき、地球や火星を飲み込んでしまう。実は、この時が私たちの地球の終わりなのである。

その後、赤色巨星はゆっくりと収縮し表面温度が高くなる。すなわち、外層のガスを放出しながら、白く輝く小さな白色矮星へと進化をたどる（図7—1）。

白色矮星の中では核融合は止まっているので、やがて冷えて星の死を迎える。黒色矮星と呼ばれることもあるが、こうなると電磁波《でんじは》による観測ができないので、その後はよく分からない。こうして太陽の一〇〇億年にわたる寿命が終わるのである。

最後に、図の呼びかたについて話をしておこう。図7—1は、縦軸に明るさ（絶対等級）、横軸に表面温度（スペクトル型）をとっているので、実はカラー口絵⑨と同じつくりである。このような場合には図7—1をHR図と呼んでもかまわない。

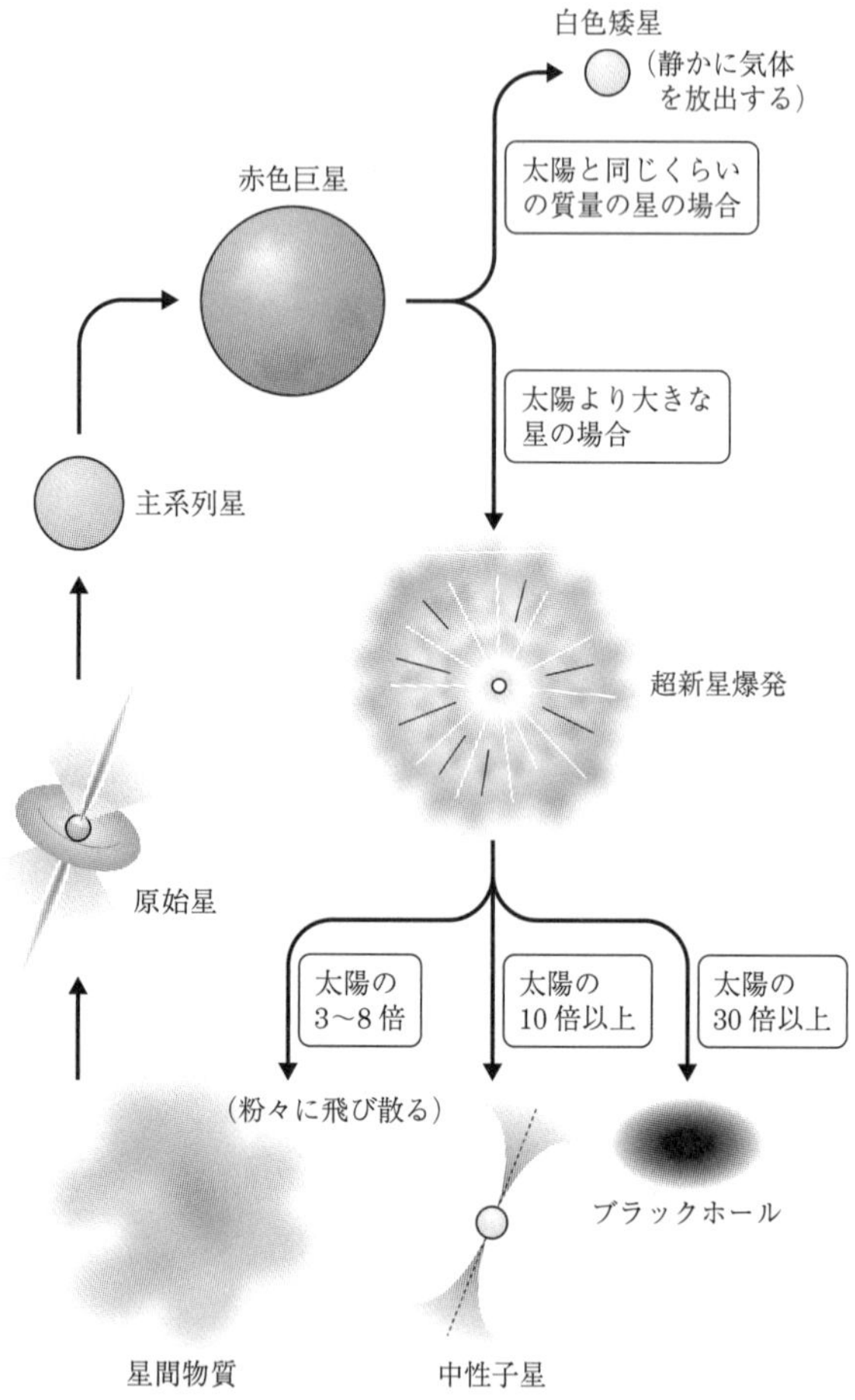

図7-2　宇宙にあるすべての恒星の一生

超新星爆発とブラックホール

宇宙には太陽とは異なる一生をたどる恒星もたくさんある。太陽と同じくらいの大きさの星は、先に述べたような静かな死を迎えるのであるが、もっと大きいとまったく違う経路をたどる。

星間物質（星間ガスと星間塵《じん》）から生まれて、原始星、主系列星、赤色巨星までは、どの星も同じようにたどる（図7－2）。しかし、その後は、星のサイズによっては華々《はなばな》しい一生をたどる。以下では、赤色巨星となった後について、太陽の大きさを基準にとって恒星の一生を見てみよう。

太陽と同じくらいの星は最後に白色矮星となって終わるのだが、それよりも大きな星は、超新星爆発という大爆発を宇宙空間で起こす。

超新星爆発とは、星の明るさが元の明るさの一億倍にもなり、あたかも星が新しく誕生したように見える現象である。たとえば、太陽の三～八倍の質量の星は、超新星爆発によって宇宙空間に粉々に飛び散ってしまう（図7－2）。

ところで、一九八七年に大マゼラン銀河で超新星が出現した。大マゼラン銀河とは地球からおよそ十六万光年（一光年とは光が一年間に進む距離）の距離に位置する銀河で、船で世界一周を果たしたマゼラン（一四八〇頃─一五二一）の名に因《ちな》んでいる。おそらく宇宙の大海原《うなばら》をただよう様《さま》をイメージしたのであろう。

さて、この超新星の出現時に発生したニュートリノと呼ばれる素粒子が、世界で初めて岐阜県神岡《かみおか》鉱山の地下に作られたカミオカンデで観測されたのである。この成果によって小柴昌俊《こしばまさとし》教授が二〇〇二年度のノーベル物理学賞を受賞した。

このように、いったん超新星爆発が起きると、まき散らされた物質は宇宙空間をただよいはじめる。これらは星間物質となり、その後は振り出しに戻る。すなわち、分子雲から原始星、主系列星へとたどり、再び星の一生が始まるのである（図7─2）。

さて、質量が太陽の一〇倍以上の星は、超新星爆発のあと中性子星となる（図7─2）。中性子星とは、半径が一〇キロメートルほどしかないが、その中身は中性子からなる重い星である。

なお、中性子とは原子の中央にある小さな原子核をつくっている物質の一つである。中性子星はきわめて密度が高く、一センチメートルのサイコロの中に富士山一個分の質量（約一〇億トン）が詰《つ》まっているほどである。

　このような中性子星として存在できるには上限があり、太陽の三〇倍以上の質量の星は、重力をささえられずさらに収縮が起きはじめる。その結果、「ブラックホール」へと進化をたどるのである（図7―2）。

　ブラックホールとは、すべての物質を吸い込むような暗黒の〝星〟である。ここはあまりに重力が強いために、光でさえ外に出ることができない。抜け出し不可能な「黒い穴」という名前はここに由来する。

　ブラックホールはそれ自体が観測できない暗黒の天体であるが、ブラックホールが周囲の物質を吸い込むときに発生するX線から、その存在を確かめることができる。

7―B　銀河の動きと膨張する宇宙

ハッブルの功績

宇宙はどのように進化していったのだろうか。また宇宙には始まりや終わりがあるのだろうか。この素朴な疑問に答えようとした科学者がいる。

エドウィン・ハッブル（一八八九―一九五三）は天文学においていくつも重要な発見を行い、我々の現代宇宙観の基礎を作った。

まず、ハッブルは数多くの銀河についてくわしく観測した。変光星《へんこうせい》と呼ばれる明るさが規則的に変化する星の動きから、アンドロメダ大星雲までの距離を正確に割り出したのだ。その結果、この大星雲が私たちの太陽系が含まれる銀河の外側にあることが、突き止められた。

なお、銀河とは、一兆個もの星が重力によって集まってできている巨大な天体である。我々の太陽系は一つの銀河に含まれており、銀河系または天《あま》の川《がわ》銀河と呼ばれている。銀河系は二〇〇〇億個ほどの星と星間ガスからなり、夜空で天《あま》の川《がわ》としてその広がりを見ることができる。我々の銀河系の外側には二〇〇〇億個ほどの銀河があり、これらの全体が宇宙を構成しているのである。とてつもなく大きな話ではないだろうか。

さて、ハッブルは、遠くに散らばっている一つ一つの銀河までの距離を測る方法を確立した。それぞれに含まれる星までの距離が分かることで、宇宙全体の広がりを知るこ

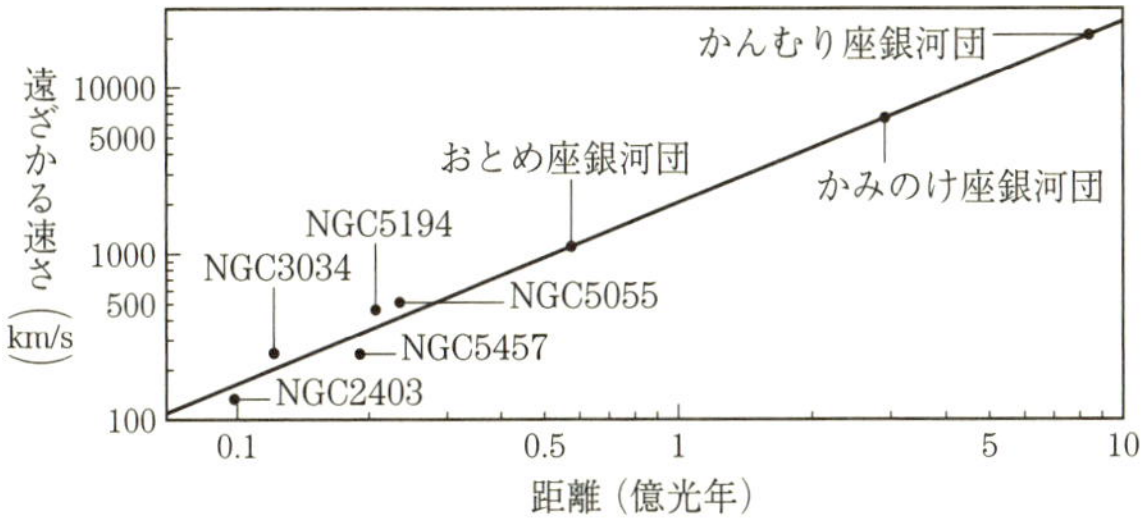

図7-3　銀河が地球から遠ざかる速さ（縦軸）と、地球からの距離（横軸）との関係。ここからハッブルの法則が導かれた。数研出版発行『高等学校地学II　地球と宇宙の探求』による

とができるのである。

宇宙観の大転換

ハッブルは、地球から銀河までの距離と、銀河が遠ざかっている速度を図にしてみた（図7—3）。後にくわしく述べるが、銀河は不動ではなく、常に動いている。この図では、銀河までの距離と、銀河が遠ざかる速度が比例していることを読み取ることができる。

このことは、遠くにある銀河ほど速く離れていき、近くにある銀河はゆっくりと離れている、ということを意味している。しかも、どの銀河も地球から遠ざかっており、近づいてくる銀河がほとんどないのである。**図7—3**に示された見事な関係は、のちに「ハッブルの法則」と呼ばれるようになった。

この発見は、これまで人類が抱いていた宇宙観をひっくり返すようなものであった。すなわち、宇宙が一定の速度で、かつどの方向にも同じように膨張していることになるからだ。

古来多くの人が考えてきたように、宇宙は無限で不変一定なもの、ではなかったのである。永遠不変どころか、宇宙は絶えず膨張《ぼうちょう》しているという。ここから現代の宇宙論が展開してゆくのである。

なお、膨張によって拡大するのは宇宙全体の空間としての大きさであり、いわば星と星のあいだの距離が拡《ひろ》がってきたのである。恒星や銀河など星そのものが膨《ふく》れたのではない。

7―C　宇宙の始まりとビッグバン・モデル

はじまりは点だった?

ハッブルが示したように宇宙が一様に膨張しているとすると、過去の宇宙はずっと小さかったことになる。時間を大昔へとたどってゆくと、いちばん最初は一点から宇宙が始まっていたことにもなる。

また、現在の宇宙はこの一点での誕生から何億年たっているのか、という宇宙の有限の年齢を考えることができる。その後の科学は、これらの問いに答えるべく進展してきたのである。宇宙の誕生から現在の姿へと至ることを、宇宙の進化という。

宇宙が一点から大爆発して始まった、という考えかたがある。非常に高温で高密度の火の玉のような状態で誕生した「ビッグバン」と呼ばれる説で、宇宙膨張のほぼ起点に当たる現象である。その後の宇宙は時間とともに急速に膨張したため、温度と密度が急激に下がって現在の宇宙になったのである。

ビッグバンの証拠とは

このような火の玉時代の証拠が一九六五年に見つかった。宇宙のあらゆる方向からやってくる同じ強度の不思議な電磁波が観測されたのである。星など何もない空間からやってきたもので、温度に換算すると絶対温度三ケルビン（K）というごく低温で発生する電磁波であった。

なお、ケルビンとは温度をあらわす単位の一つで、大文字のKで表記する。すべての原子や分子が運動を止めてしまう低温状態を絶対零度《れいど》というのだが、これが0Kである(ケルビンには度をつけない)。これより低い温度は存在しない。また、水が凍る摂氏《せっし》0度(0℃)は、二七三・一五Kである。

また、電磁波には、温度によって放出される波の波長が異なるという性質がある。すなわち、波長がわかれば、発生した源の温度が分かるのである。

さて、宇宙のあらゆる方向から三Kの電磁波が観測されたということは、宇宙創生のビッグバンの状態へとつながる話なのである。一点から急激に膨張したというビッグバン最初の記録が、この電磁波だったのである。

宇宙の果てからやってきた電磁波が、宇宙誕生に近い大昔の記録であるとは不思議な感じがするかもしれない。おそらく、宇宙が始まってそれほど時間がたたない時代は、物質とエネルギーがぎゅうぎゅうに詰まっており、宇宙そのものが光を通さないような状態であった。

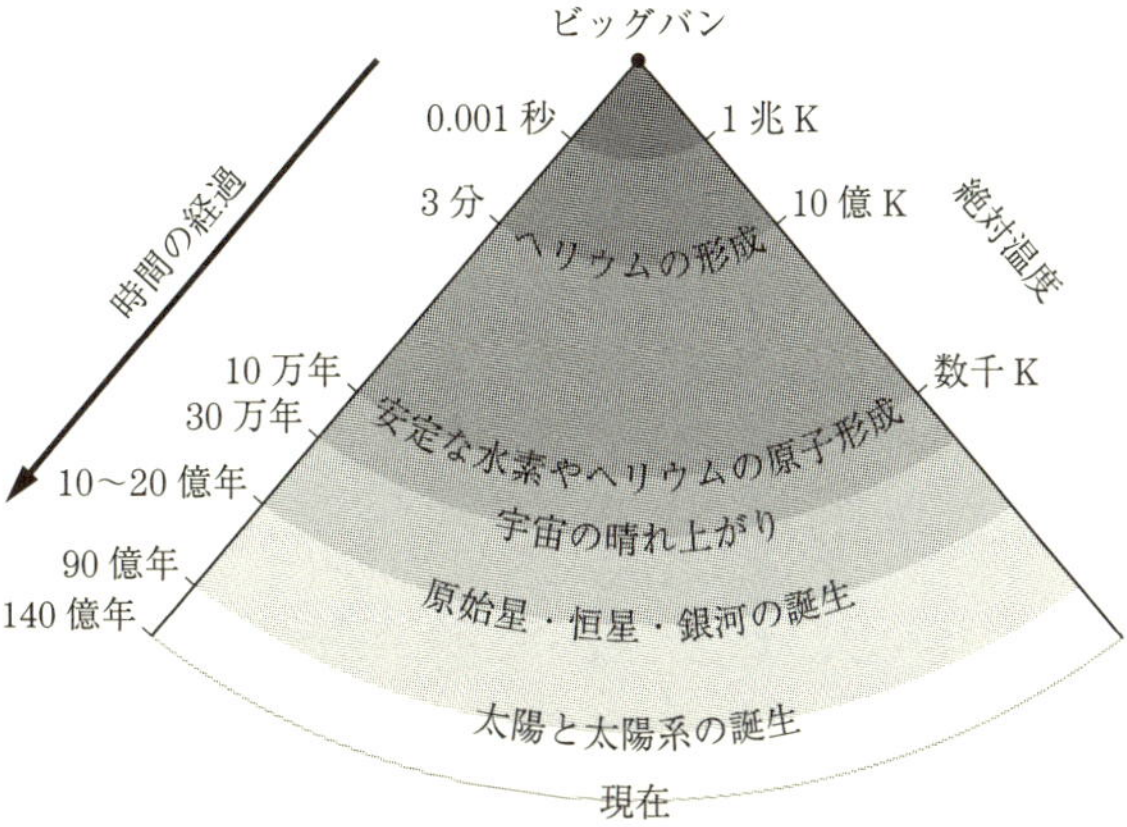

図7-4　宇宙が誕生してから現在までの歴史。時間の経過とともに宇宙は冷えていった。実教出版発行『地学Ｉ新訂版』より、一部改変

その後、ビッグバンの開始で少し膨張して、光が通るようになったときに、最初の電磁波が四方八方へと発せられた。これが現在の電波観測に引っかかったというわけである。この現象は「宇宙の背景放射」と呼ばれている。

現在は、宇宙の年齢は一三七億年くらいと見積もられている。宇宙誕生以来の具体的な歴史は、以下のようになる（図7−4）。

ビッグバンが起きてから三分後にヘリウムが生まれ、一〇万年後に安定な水素やヘリウムの原子となった。

そして三〇万年後には、宇宙の温度が一

万度以下まで冷えた。このころに宇宙は光を通すようになり、電磁波が外へと飛び出しはじめた。その結果、宇宙の彼方《かなた》からやってきた電磁波が現代において観測されたのである。これは「宇宙の晴れ上がり」と呼ばれている（図7−4）。

また、宇宙が誕生して一〇億年くらいたった後から、重い元素が互いに集まり始めた。こうして恒星と銀河が誕生した。そして宇宙誕生から約九〇億年後（すなわち今から約五〇億年前）には私たちの太陽系ができ、現在にまで至っているというわけである。

ここに描かれた姿は「宇宙論」と呼ばれている。この学問は物理学や地球科学など最先端の科学が結集して、まさに上空はるかまで広がる宇宙とともに、日進月歩の進化（進展）をしているのだ。

第七章で扱った宇宙の話は、日常生活の感覚とかけ離れている。こうした内容をきちんと理解するには、物理学を本格的に勉強しなければならない。たとえば、高校の物理はニュートンが創始した古典物理学を解説したものだが、二〇世紀になり量子論と相対論という新しい物理学が誕生した。この知見を理解して、宇宙の成り立ちが初めてわかるのである。「地学のツボ」の先には現代科学の魅力的な世界が広がっているのだ。

他の教科と違う地学の魅力とは何であろうか？　それは、最先端の内容が教えられているということだ。

たとえば、高校の数学は一七世紀までに発達した微積分などの内容が教えられる。また、化学は一九世紀までに発見された内容が、また物理では二〇世紀初頭に展開された原子核物理学の最初くらいまでが教科書の内容に入る。生物では少し時代が下って二〇世紀後半に進歩した免疫《めんえき》まで教えられる。

これに対して、地学の内容は二一世紀に展開中のプルーム・テクトニクスまでが教科書で扱われている。私が授業で話すときも、先週印刷された論文に書いてある内容を紹介したりする。

このように最先端を知ることができるという魅力にもかかわらず、高校生の地学の履修率は七パーセントを切っている、という残念な報告もある。これは地学に人気がないのではなく、大学受験用の科目として選ばれにくいということが原因である。

以前の高校では、理科の四教科はすべてが必修であった。しかし、現在では受験教育にシフトすることを許された結果、物理・化学・生物のうち一～二科目だけを勉強する生徒が多くなった。

地学には地震・火山・気象など日常の自然災害に関連する重要な項目が含まれているが、日本の大部分の高校生はこれらを学ぶことなく卒業してしまうのである。地震国・火山国である日本列島に住むには、たいへん危険なことと考えざるを得ない。

本書では、日本人の地球に関する最低限のリテラシー（基礎知識と読み書き能力）を身につけるために、地学の中で「おもしろくてタメになる」内容を厳選して紹介してみた。これだけを知っていれば新聞やテレビのニュースに触れてもきちんと理解できる。そして何よりも、自然災害に見舞われたときに自分の身を守ることができるのである。

天災は不意《ふい》打ちにやってくる。その時になって慌《あわ》てないためには、普段から知識を持っていることが最大の防御《ぼうぎょ》なのである。知識は力なり。自分の身は自分で守らなければならない。

そのために必要な情報は決して多くないので、楽しんで地学を学んでいただきたいと思う。それが「科学の伝道師」として防災教育にたずさわってきた著者の最大の願いである。

最後に、この本ができあがるまで多大の協力をしていただいた方々に、深甚なる感謝の気持ちを述べたい。開成高校の有山智雄先生、筑波大学附属駒場高校（私の母校です）の高橋宏和先生、香川県立丸亀高校の川村教一先生は、お忙しい中にもかかわらず原稿を読み大変貴重なコメントを多数くださった。京都大学の岸本利久君と小豆畑逸郎君には、若い人に読みやすいかどうか通読していただいた。内容に関してお気づきの点は、私のホームページ上に掲載した電子メールアドレスへご連絡いただければ幸いである。ちくまプリマー新書編集部の伊藤笑子さんには、企画から文章表現や図の作成に至るまで大変にお世話になった。これらの方々に厚くお礼申し上げます。

京都大学の研究室から　　鎌田浩毅

さくいん

本文中に記述のあるページを示すが、①〜⑨の丸数字は口絵の番号を、斜体数字は図・表に記述があるページを示す。

▼ア行
阿蘇山　*32*, 33
アルプス山脈　40
暗黒星雲　⑧, 150
アンドロメダ大星雲　162
維管束　90, *91*
異常気象　96, 120
伊豆大島　25, *32*, *33*
一酸化炭素　149, 150
イリジウム　99, *100*
因果関係　81, 125
隕石　98, *100*, 102, 139, *140*, 141, 145
インド大陸　38, *39*, 40, *40*
有珠山　30, *32*
宇宙空間　*113*, 114, *114*, 134
宇宙線　101
宇宙(の)誕生　165, 166
宇宙の進化　165
宇宙の年齢　167
宇宙の背景放射　167
宇宙の晴れ上がり　*167*, 168
宇宙の歴史　126, *167*
宇宙論　164, 168
海　⑥, 65, 86, *144*, 147
海のプレート　16, *16*, 19, 35, 37, *47*
ウラン鉱床　73
衛星　139
ＨＲ図　⑨, 151, 157
エッジワース・カイパーベルト　*128*, 131
エディアカラ動物群　*60*, 83, 84
エベレスト山　37
エリス　132, *133*
エルニーニョ　⑥, 121, *122*, 123, 124
塩類　116
オーロラ　*76*, 77, 101, *108*, 110
オゾン(層)　*60*, 75, 78, 88, *89*, 107, *108*
親潮　*118*, *119*, 120
オリオン大星雲　⑦, 150
オルドビス紀　*60*, 86, 88, *89*
温室効果(ガス)　82, *114*, 115
温泉　*33*, 34
▼カ行
外因説　99, 102
海王星　*128*, *138*
外核　44, *45*, *47*, *49*, 52, 75, 76, 137, 143, *144*
外気圏　110
海溝　*16*, 19, *36*
海溝型(の)地震　*16*, 17, 19, 21, 22
海山　*54*, 55
海水　116, *116*, *122*, 123
海底火山　37, 66, *67*
海洋　66
海洋プレート　35, *36*, 52
海流　118, *118*, *119*
科学　3, 42, 81, 82, 133
核　44, *45*, 52, 75, 137, *138*, 142, *144*, *146*
核融合　150, 155
火口　③, *27*
火山(の寿命)　26, 36, 50, *95*, 170
火山学者　25, 26
火山ガス　25, 94, *95*
火山性の地震　26
火山島　53, *54*, 55, *67*
火山灰　30, 33, 94, *95*, 97
火星　127, *128*, 129, *133*, 137, *138*
化石　38, *60*, 66, 82, 83, 84
仮説　57, 80
活火山　24, 31, *32*, *33*, 34, 53
活断層　15, *20*
火道　26, *27*
下部マントル　44, 46, *47*, *49*, *95*, 143, *144*
カリフォルニア海流　118, *118*
環境汚染　74
岩石　*60*, 63, 82, 127, 135, *138*, 139
岩板　14, 18, 35
カンブリア紀　*60*, 63, 84, 86, 87, *87*
気温　100
気温低下　94, *95*
北赤道海流　*118*, 119
北太平洋海流　118, *118*
逆断層　14, *15*
吸収　*111*, 112, 114, *114*
恐竜　*60*, *62*, *93*, 98, 102
巨大地震　16, *16*, 19, *21*, 23
巨大津波　23, *23*
魚類　*60*
キラウエア火山　①, 28, *29*
銀河(系)　162, *163*, 164, *167*, 168

金星　127, *128*, 137, *138*
雲　106, 111, *111*
クレーター　99, *100*
黒潮　118, *118*, *119*
傾斜計　*27*
ケルビン　165
ケレス　132, *133*
圏界面　*108*
原核生物　78
嫌気呼吸　*72*, 79
原始海洋　72, 145, *146*
原始星　150, 155, *156*, *158*, 159, *167*
原始大気　72, 142, 145, *146*
原始太陽系　135, *136*
原始地球　141, *146*
原始マントル　*144*
顕生代　58, 61, *62*, *69*, 78, 84
原生代　58, *60*, *62*, *69*
好気呼吸　*72*, 79
光合成　70, *72*, 79, 90, *95*
洪水玄武岩　93, 94
恒星　⑨, 126, 148, *158*, 164, *167*, 168
恒星の進化　151, 155
恒星の分類　153
公転　129
コールドプルーム　47, 48, *49*, 57, *95*
呼吸　79
黒色矮星　157
黒点　129
弧状列島　66, *67*
古生代　*60*, *62*, *69*, 86, *87*, 92, *93*, *95*
ゴンドワナ　68, *69*, 83
▼サ行
桜島(火山)　25, 28, *32*
座標　152
酸化鉄　73, 74
散光星雲　⑦, 150
三畳紀　*60*
酸性雨　94, *95*
酸素　*60*, 72, *72*, 77, *95*, 105
サンヨウチュウ　*60*
三連動　24
シアノバクテリア　70, *71*, 73
ジェット気流　107
潮目　*119*, 120
紫外線　75, 88, *89*, 109
磁気圏　*76*, 77
地震　13, *16*, *20*, 36, 170
地震予知　25
沈み込み　*16*, 17, *36*, 46, *47*, *49*
シダ植物　*60*, 90
自転　*74*, 107, 129
磁南極　*74*, 75
磁場　*74*, 75, 77, 143
磁場の逆転　101
磁北極　*74*, 75
縞状鉄鉱層　72
ジャイアント・インパクト　139, *140*
褶曲　④, 41
収縮　27, *27*
集中豪雨　*122*, 125
主系列星　151, 154, *156*, *158*
ジュラ紀　*60*
準惑星　132, *133*
上部マントル　44, *45*, 46, *47*, *49*, *95*, 143, *144*
小惑星　99, 127
小惑星帯　*128*
植物の上陸　*60*, 90
磁力線　*74*, *76*
シルル紀　*60*, 86
進化　78, 86, *136*, *146*
真核生物　79
震源域　*21*
浸食作用　113
新生代　*60*, *62*, *69*, 103
深層水(の大循環)　*116*, 117, 121, *122*
人類誕生　31, *60*
水蒸気　106, 113, 115, *144*, 145
水星　127, *128*, *138*
彗星　127, 145
水素　*136*, 137, *138*, 149, 155, 167, *167*
スーパープルーム　51
ストロマトライト　⑤, *62*, 70, *71*, 78
スノーボールアース　80
星間雲　149
星間ガス　149, 159, 162
星間塵　149, 159
星間物質　149, *158*, 159, 160
成層圏　107, *108*
正断層　14, *15*
生命誕生　31, 66, 147
赤外放射　*114*
赤色巨星　155, *156*, *158*
赤色砂岩　74
石炭紀　*60*, 86
脊椎動物　*60*, 91
石灰岩　79, 83
絶対温度　165, *167*
先カンブリア時代　*60*, 63, *93*
全球凍結事件　80, 83
造山運動　40
層序　61
▼タ行
大気　*72*, 105, *111*, *144*
大気圏　110, *111*, 127
太古代　58, *60*, *62*, 63, 70
第三紀　*60*
堆積岩　65
太平洋　*16*, 21, 53, *54*
太平洋プレート　53, *54*, 56
大マゼラン銀河　159
太陽　⑨, 77, 126, *156*

太陽系　126, *128*, 134, 162, *167*, 168
太陽風　*76*, 77
太陽放射エネルギー　111, *111*
第四紀　*60*
大陸　38, 66, *67*
大陸の分裂　50, 68
大陸プレート　35, *36*
対流　*49*, 51, 76
対流圏　106, *108*, 111
大量絶滅　*60*, 84, 92, *93*, *95*, 103
蛇行　*119*, 120
多細胞生物　*62*, 80, 82
脱ガス　142, *144*, *146*
棚上げ法　85
短周期(の)地震　28, *29*
断層　14, *15*, 41
炭素質コンドライト　145
暖冬　121, 124
地殻　44, *45*, 94, 137, 143, *144*, *146*
地学　5, 30, 42, 80, 82, 126, 151, 169
地殻変動　27, *29*
地球　*76*, 129, *133*, 137, *138*
地球温暖化　82, 115
地球科学(の革命)　42, 51, 117, 133, 168
地球型惑星　135, *136*, *138*
地球誕生　*60*, 61, *62*, 73, 141
地球内部　44, *45*, *49*
地球の歴史　34, *60*, 61
地球変動学　41, 42
地磁気　*74*
地質学者　41
地質学　84, 104
地質時代　59, *60*, *99*
地層　④, 38, 41, 50, 82, 83, 96
チャート　96
中央海嶺　*36*, 37
中間圏　*108*, 109
中性子(星)　*158*, 160
中生代　*60*, *62*, *69*, *93*, 98, *100*, 102
超巨大噴火　50
超酸素欠乏事件　97, 104
長周期地震　29, *29*
超新星爆発　*158*, 159
超大陸　68, *69*
超大陸の分裂　92
月　139, *140*
対馬海流　*119*, 120
津波　*16*, 21
DNA　79, 88
デボン紀　*60*, 86, 90
電磁波　157, 165, 168
天皇海山列　53, *54*, 56
天王星　*128*, *138*
天文学　133, 149
電離層　*108*, 110
東海地震　19, *21*, 22, *23*
島弧　66, *67*
東南海地震　19, *21*, 22, *23*
動物の上陸　*60*, 90
土星　*128*, 137, *138*
▼ナ行
内因説　100, 102
内核　44, *45*, *49*, 75, 137, 143, *144*
内陸直下型地震　19, *20*, 22
南海地震　19, *21*, 22, *23*
二酸化珪素　94, 96
二酸化炭素　70, 72, *72*, 79, 82, 98, 106, 114, 115, 145, 147
二畳紀　*60*, 86
ニッケル　142, *144*
日本列島　14, *16*, 18, *20*, *32*, 53, 107, *119*
ニュートリノ　160
ヌーナ　68, *69*
熱圏　*108*, 109
野島断層　②, 14
▼ハ行
バージェス動物群　*60*, *62*, *87*, 88
白亜紀　*60*
白色矮星　⑨, 155, *156*, *158*
爆発的進化　83, 87
爬虫類　*60*, 92, 98, 103
ハッブルの法則　163, *163*
馬頭星雲　⑧, 150
ハワイ諸島　53, *54*, 56
ハワイ島　①, 53, *54*
パンゲア　68, *69*, 93
半径　⑨, 154, 157
反射　111, *111*, 112, 139
阪神・淡路大震災　②, 14, 17, 19
被子植物　*60*
ビッグバン　165, 166, *167*
ヒマラヤ山脈　38, *39*, 40, *40*
氷河　80, 83
氷期　*99*
兵庫県南部地震　14, 19, *20*
表面温度　⑨, 153, 155, *156*
微惑星　64, 130, 134, *136*, 141, 145, *146*
フィールドワーク　82
富士山　③, 30, *32*
物質循環　*49*, 51
ブラックホール　*158*, 161
プランクトン　120, 121
プルーム　47, 51
プルーム・テクトニクス　*49*, 51, 169

プルームの冬　*95*
プレート　④, 14, *16*, 35, 41, 43, *45*, *54*, 56
プレート・テクトニクス　41, 51, 65
プレートの残骸　46, *47*, 56
プレートの墓場　46
フロンガス　109
噴火　25, *27*, 29, *29*, *32*, 36, 82
分化　143, *144*, *146*
噴火予知（の五要素）　25, 26, 29
分子雲　149, 160
ヘリウム　*136*, 137, 149, 155, 167, *167*
ベルトコンベア・モデル　117
変光星　162
偏西風　33, 107, *108*, 118, *118*
宝永地震　23, *23*
貿易風　107, *108*, *118*, 119, *122*, 123
放射　*111*, *114*
放射線　77
膨張　26, *27*, 164, 166
ホットスポット　53, 55
ホットプルーム　48, *49*, 82, 94, *95*, 102, 103
哺乳類　*60*, 103
▼マ行
マイクロテクタイト　99, *100*
マグニチュード　16
マグマ　①, 26, *27*, 28, 53, 66, 93, 94, 142, *144*
マグマ・オーシャン　64, 142, *144*, *146*
マグマだまり　*27*, 29
枕状溶岩　65
マントル　*16*, *36*, 44, *45*, 51, *95*, 137, *138*, 143, *146*
密度　*138*, 142
ミトコンドリア　79
三宅島　25, *32*
冥王星　*128*, 129, *133*
冥王代　58, *60*, *62*
メタン　97, 115
木星　127, *128*, 137, *138*
木星型惑星　*136*, 137, *138*
▼ヤ行
有性生殖　80
ユーラシア大陸　38, *39*, *40*, 57, 66
溶岩　93
葉緑素　70
▼ラ行、ワ行
裸子植物　*60*
ラニーニャ　*122*, 124
ラン藻類　70, 78
陸　86
陸のプレート　16, *16*, 18, 35, 37, *47*
流星　*108*, 127
両生類　*60*, 91
冷夏　121, 124
ロディニア　68, *69*, 80, 83
惑星　126, *128*, 130, *133*, 135, *136*

ちくまプリマー新書101
地学《ちがく》のツボ　地球《ちきゅう》と宇宙《うちゅう》の不思議《ふしぎ》をさぐる

二〇〇九年二月十日　初版第一刷発行
二〇二一年三月二十日　初版第六刷発行

著者　鎌田浩毅（かまた・ひろき）
装幀　クラフト・エヴィング商會
発行者　喜入冬子
発行所　株式会社筑摩書房
東京都台東区蔵前二-五-三　〒一一一-八七五五
電話番号　〇三-五六八七-二六〇一（代表）
印刷・製本　中央精版印刷株式会社

ISBN978-4-480-68804-0 C0244 Printed in Japan